内蒙古自治区排污权——创新与发展

内蒙古自治区排污权交易管理中心　著

中国环境出版集团·北京

图书在版编目（CIP）数据

内蒙古自治区排污权：创新与发展/内蒙古自治区排污权交易管理中心编著.
—北京：中国环境出版集团，2019.7
ISBN 978 - 7 - 5111 - 4042 - 5

Ⅰ.①内… Ⅱ.①内… Ⅲ.①排污交易—研究—内蒙古 Ⅳ.①X196

中国版本图书馆 CIP 数据核字（2019）第 141907 号

出 版 人　武德凯
责任编辑　易　萌
责任校对　任　丽
封面设计　彭　杉

出版发行　中国环境出版集团
　　　　　（100062　北京市东城区广渠门内大街 16 号）
　　　　　网　　　址：http：//www.cesp.com.cn
　　　　　电子邮箱：bjg1@cesp.com.cn
　　　　　联系电话：010 - 67112765（编辑管理部）
　　　　　　　　　　010 - 67112739（第三分社）
　　　　　发行热线：010 - 67125803　010 - 67113405（传真）
印　　刷　北京建宏印刷有限公司
经　　销　各地新华书店
版　　次　2019 年 7 月第 1 版
印　　次　2019 年 7 月第 1 次印刷
开　　本　787 × 1092　1/16
印　　张　8.5
字　　数　173 千字
定　　价　40.00 元

本书编委会

主　　任：杜俊峰

副 主 任：和小平　　路全忠

主　　编：侯元松　　李秋萍　　胡敬韬
　　　　　律严励　　马志明

副 主 编：卢艳丽　　吴文华　　张　泽
　　　　　段志国　　马玉波　　关　燕

编　　委：邵润蛟　　李维伦　　梁守政
　　　　　路茜雅　　行　安　　王　福
　　　　　王　凯　　沈金霞

参　　编：赵　娟　　万永超　　魏嘉庚
　　　　　昂格拉玛

　　　　　（以上排名不分先后）

序

2010年，内蒙古自治区开始开展针对化学需氧量、氨氮、二氧化硫、氮氧化物四项主要污染物的排污权有偿使用和交易的试点工作。

8年来，内蒙古自治区试点工作逐步完善了试点配套制度体系，出台了试点实施方案、交易管理办法，制定了资金管理办法、排污权出让收入管理办法和排污权有偿使用和交易收费标准及交易价格，印发了交易管理规则、储备管理规则、电子竞价规则，制定了协商交易流程、挂牌交易流程、电子竞价流程、储备库管理办法等配套制度；成立了交易机构，落实了资金和人员；建设完成了交易综合管理、储备综合管理、电子竞拍、现场核查作业等6个配套排污权交易管理平台系统。经过数年的努力，构建了相对完善的排污权有偿使用和交易政策实施框架，在初始排污权核定、排污权有偿使用、排污权储备、排污权交易等方面做出了富有成效的探索。

自试点实施以来，内蒙古自治区逐步建立起排污许可、排污交易与总量控制相结合的污染物总量控制制度，做到了总量前置审核、排污许可证发放和排污权有偿使用协同联动。排污权有偿使用和交易必须以满足环境质量和总量控制要求为前提，在受理、审核新增主要污染物总量建设项目时，对建设项目均须出具总量指标来源初审文件，新增总量指标均实施有偿使用。同时，排污权有偿使用和交易体系的不断完善，也对污染物总量削减和环境质量改善方面起到了积极作用。本书通过对全国其他试点地区工作经验和成效的现状调研分析，以及对内蒙古自治区试点工作系统地研究、分析，发现内蒙古自治区排污权交易试点工作亮点突出，排污权交易中心的成立和排污权回购业务的开展，走在了全国试点省市的排头。试点工作全面完成了原试点方案提出的工作内容，并在政策定位、排污权初始核定与分配、排污权定价、排污权有偿使用费征收、排污权交易、排污权指标回购、排污权交易平台机构建设等方面取得了很多成效。本书对试点工作的诸多成效进行了归类总结，以期为其他地区的相关工作提供借鉴意义。

杜俊峰

目　录

1

内蒙古自治区排污权相关制度

1.1 国内外排污权相关制度

1.1.1 排污许可制

20 世纪 50 年代后期至 70 年代，随着经济的发展，美国、英国、日本等发达国家相继发生了重大环境污染事件，环境问题日益突出。随着人们对环境保护尤其是固定点源污染治理越来越重视，为解决面临的诸多环境问题，美国、日本等发达国家开始以污染预防、常规性监督管理和危机控制与救济的理念作为指导思想，通过整合相关环境法律法规，构建环境管理体系，排污许可证制度也应运而生。经过多年的发展，各国为保障排污许可证制度的时效性，也通过立法的方式对其加以规范，并使排污许可成为排污者守法、维护自身合法权益的工具，也成为环境管理的重要手段以及环境行政机关依法管理环境问题的法律依据。随着科技的进步与环境管理体系的构建，排污许可证制度日臻完善，并在许多欧洲国家及日本得到广泛的认可和应用，美国也依据排污许可的环境保护价值制定了以国家污染物排放削减制度为核心的排污许可证制度体系。目前，排污许可证制度已成为环境污染防治与管理的基本制度。

1.1.2 排污权交易制度

排污交易源于美国，是由美国经济学家戴尔斯于 1968 年在《污染、财富和价格》一书中提出的，其基本思想是把排放污染物的权利像股票一样卖给最高的竞标者。近年来，在中国发展出来的排污权有偿使用和排污权交易政策，是指在区域排污权"总量控制"的前提下，政府将排污权通过有偿或无偿方式分配给排污者，确认排污者的初始排污权，并允许排污者在市场上进行排污权交易的过程。

排污权的有偿使用使企业在利益驱动下减少污染物排放，珍惜有限的环境资源，同时将污染减排的要求真实反映于企业成本中，从而达到降低污染防治成本的目的。排污权交易作为一种环境经济政策和市场调节手段，是对环境自净能力经济价值的肯定：通过交易可以控制一定地区在一定期限内的污染排放总量，充分有效地使用该地区的环境容量资源，鼓励企业通过技术进步治理污染，并在企业间互相购销排放权，从而提高污染治理费用的使用效率，最大限度地节约费用成本。在市场经济的条件下，环境容量作为一种资源，其自身价值需要像一般商品一样通过市场交易才能得到实现，所以排污交易是通过市场手段优化环境资源配置的环境经济政策。

美国从 1972 年开始实施污染排放总量控制制度，为排污权交易从理论构想迈向实践奠定了必要的基础。排污权交易制度在美国的发展历程大体可分为两个阶段：

第一阶段是排污权交易制度探索阶段，从 20 世纪 70 年代到 90 年代，美国普遍采用基于"基准信用"模式（Base credit），逐步建立起以"气泡"（Bubble）、"补偿"（Offset）、"银行"（Banking）和"容量节余"（Capacity balance）四大政策为核心内容的排污权交易体系。虽然在该阶段实际治理节约费用并没有达到预期水平，但是对随后排污权交易体系的完善与推广提供了宝贵的实践经验，尤其是"气泡"政策实际上已经形成了现代排污权交易体系的雏形。

第二阶段是排污权交易制度规范化阶段，以 1990 年《清洁空气法》修正案通过并实施"酸雨计划"（Acid rain program）为标志，该阶段使排污权交易在法律上得以确认，并在法律上制度化，最终确立起基于"总量控制"模式的排污权交易制度，这也是目前国内外普遍采用的形式。在该阶段，美国排污权交易的尝试主要包括 1990 年《清洁空气法》所创设的"酸雨计划"、南加州为控制 NO_x 和 SO_x 所设立的 RECLAIM 计划。

"酸雨计划"明确指出到 2010 年，要将美国 SO_2 排放量从 1980 年的 1 730 万 t 减少到 1 000 万 t。"酸雨计划"根据美国当时 SO_2 排放总量控制目标设定了每年排放许可的分配数量，其中，97.2% 的分配量采用无偿分配模式，2.8% 采用拍卖模式。"酸雨计划"明确规定所有在计划范围内的排放单位需持有足够的有效许可来满足其合法污染排放。同时，还要求电力企业在每座烟囱上安装连续排放监测系统，对企业进行实时监控。每年年终，对超量排污实行 2 000 美元/t 的超额罚款，这相当于排污权拍卖价格的 10 倍左右，而且对违法者可实行罚款并予以 1 年以下监禁处罚。

依托《清洁空气法》修正案的法律强制力，"酸雨计划"在污染物削减和成本节约方面都取得了出乎意料的成功，堪称环境规章制度领域最伟大的政策实验。随着 SO_2 排放交易体系的逐渐实施，市场交易日益活跃，许可证的交易量、交易次数日益增加。1994 年的交易次数为 215 起，1997 年迅速增长到 1 430 起。1998 年排污交易市场继续保持强劲，在许可跟踪系统中，有 1 548 宗交易，完成了 1 350 万份许可的交易。自酸雨计划实施以来，SO_2 排放总体呈现不断下降的趋势，减排效果较为明显；尤其是第一阶段（1995—1999 年），SO_2 排放总量下降的速度远超过预期。根据美国 EPA 的统计数据，1995 年，酸雨计划第一阶段中被管制的 110 家发电企业完全遵守了污染排放限额，并且将 SO_2 的排放总量削减到 530 万 t，远低于 1990 年计划所设定的 870 万 t 的排放总量上限，比 1980 年的排放总量减少了 50% 以上；然而，该计划每年所需成本最多也不过 30 亿美元，每年带来的健康收益最保守估计也有 120 亿美元，其中还不包括难以量化的社会、环境收益。2007 年，酸雨计划中受限制污染源的 SO_2 排放总量首次低于酸雨计划的目标总量，比 2010 年的官方期限提前 3 年完成，并在此后呈现继续下降的趋势。据相关数据统计，1990—2006 年，美国电力行业在发电量增长 37% 的情况下，SO_2 排放总量下降了 40%，NO_x 排放总量下降了 48%，并预计 2010 年后美国每年从"酸雨计划"中获得的生态和健康收益将达到 1 420 亿美元。

1993 年 10 月，美国南海岸空气质量控制局（South Coast Air Quality Management District，SCAQMD）又通过了"区域清洁空气激励市场计划"（Regional Clean Air Incentives Market，RECLAIM），进行以控制 NO_2 排放为重要目标的排污权交易。项目运行十余年来，较好地实现了 NO_x 与 SO_2 排放总量的削减目标，并显著改善了加州南海岸地区的大气环境质量。2003 年 4 月，美国纽约州与其他 9 个美国东北部州政府达成共识，针对 CO_2 的区域性自愿减排立项——"区域温室气体减排行动"（Regional Greenhouse Gas Initiative，RGGI）。项目开始于 2009 年 1 月 1 日，计划要求各成员州内的发电厂减少 CO_2 的排放量，并提出在 2009—2015 年保持区域内发电厂 CO_2 排放总量维持在现有水平，并在 2019 年前将区域排放量在 2000 年的排放总量基础上减少 10%。各成员州政府几乎把区域内所有排放许可通过拍卖的形式分配到企业手中，拍卖收益主要用于增加对节能技术和可再生能源开发的投资，以促进区域经济转型。据相关统计，2009—2011 年，RGGI 在新增能源效率项目上投资了 4.41 亿美元，节省能源 111 亿美元，新增国家生产总值 26 亿美元，预计每 100 万美元能源效率基金相当于每年增加 45 个工作机会，也就是说到 2011 年 3 月 RGGI 提供了 2 万多个新增工作机会。

除此之外，美国也在一些流域探索了水污染物排放交易，实施案例主要分布在沿海及五大湖区，如俄亥俄州 Great Miami 流域、威斯康星州 Fox 河流域、北卡罗来纳州 Neuse 流域等，交易指标涉及总氮（TN）、总磷（TP）、化学需氧量（COD）、生化需氧量（BOD）、汞、铅等近 20 种主要指标。但是从总体效果上看，这些项目并不算成功，主要原因之一是水污染物排污权交易对周边居民有直接性的影响，使社会上存在较强的抵触心理。

美国在排污权交易，尤其是大气污染物排污权交易方面的成功实践也推动了包括澳大利亚、德国、英国等市场经济发达国家的争先仿效。这些国家在很大程度上借鉴或复制了美国排污权交易体系框架，并对污染物削减起到了积极的推动作用，如澳大利亚新南威尔士 Hunter 河流实施的盐度交易试行计划（Hunter River Salinity Trading Scheme）等。总体上来看，排污权交易已成为一些发达国家污染控制与治理的重要手段并日益受到重视。

1.1.3　碳排放权交易

排污权交易在发达国家的重视与实施，推动了其在全球范围内的实施进程。经过长久的关于加强与发达国家义务和承诺的谈判，1997 年 12 月《联合国气候变化框架公约的京都议定书》（*Kyoto Protocol to the United Nations Framework Convention on Climate Change*），简称《京都议定书》在日本京都通过。《京都议定书》为1994年生效的《联合国气候变化框架公约》规定了具体的、具有法律约束力的温室气体减排目标，并要求国家在2008—2012年总体上要比1990年排放水平平均减少5.2%。截至2009年2月，共有183个国家批准、接受、核准或加入了该条约（超过全球排放量的61%）。

根据"共同但有区别的责任"原则，《京都议定书》规定了3种温室气体排放交易方式，即清洁发展机制（Clean Development Mechanism，CDM）、联合履行（Joint Implementation，JI）和排放贸易（Emission Trade，ET）。其中，JI与ET主要用于发达国家间，CDM用于发达国家与发展中国家合作减排领域。自2005年2月16日起《京都议定书》正式生效起，以这3种机制为内容的国际温室气体排放交易得到了高速发展。

在美国未承诺参与的情形下，全球温室气体交易总额在2005年有110亿美元，2007年为640亿美元，而在2008年已经突破了1 000亿美元，达到1 260亿美元，规模将超过石油交易规模。据联合国气候变化公约组织附属履行机构（Subsidiary Body for Implementation，SBI）在2009年4月推出的《全球碳排放交易市场》研究报告指出，如果美国能承诺在2012年加入《京都议定书》，则全球碳排放交易量将急剧攀升，到2013年能达到6 690亿美元，成为未来最大的市场。

在《京都议定书》中，欧盟的减排承诺是在2008—2012年将温室气体排放量相对于其1990年的排放水平减少8%。2001年10月，欧洲委员会通过了有关气候的"一揽子"决定，其中包括关于欧盟范围内温室气体交易指令的提案，旨在成本有效地实现《京都议定书》的减排目标的同时，确保内部市场发挥正确的功能，防止由分割的国内排放交易计划带来的竞争扭曲。

2005年1月，欧盟排放交易体系（European Union Greenhouse Gas Emission Trading Scheme，EU ETS）正式启动。它是全球最大的跨国、跨部门排污权交易体系，包含德国、英国在内的欧盟27个成员国，排放总量约占欧洲排放总量的46%。同时，EU ETS也是目前国际唯一执行强制性温室气体总量管制及交易的体系，参与各国必须符合欧盟温室气体排放Directive2003/87/EC的相关规定，并履行《京都议定书》减排的承诺及分担协议削减目标。据世界银行2007年发布的资料显示，2006年EU ETS的排放交易额是2005年交易额的3倍，已经占全球温室气体排放交易量的80%以上，总值达243亿美元，使其成为国际温室气体排放交易制度发展的重要指标。

然而，由于成员国在之后配额核发时过于宽松，导致2007年排放许可供大于求，造成价格坍塌，在2007年年底价格接近于零。尽管如此，欧盟执行委员会依然认为EU ETS在2005—2007年效果是显著的，因为其已经协助欧盟成功获取实施排污权交易制度的相关经验，并以循序渐进的方式引导产业参与总量控制制度，降低了减排对产业的冲击。依据欧盟执行委员会近年颁布的条例来看，EU ETS未来仍是欧盟最主要的减排政策之一。

1.1.4　绿色金融体系的提出

近年来，为深入贯彻落实国家节能环保政策要求，中国银监会先后发布《中国银监会关于印发〈节能减排授信工作指导意见〉的通知》（银监发〔2007〕83号）、《中国银监会关于印发绿色信贷指引的通知》（银监发〔2012〕4号）、《中国银监会、国家发展和改革委员会关于印发能效信贷指引的通知》（银监发〔2015〕2号）等一系列政策。此外，2015年9月中共中央、国务院印发的《生态文明体制改革总体方案》中明确提出要建立我国的绿色金融体系。在国家相关政策的指引下，银行业金融机构积极加大对节能环保等绿色经济领域的支持力度，取得了较显著的成效。截至2014年6月末，21家主要银行机构节能环保项目和服务贷款余额4.16万亿元，占其各项贷款的6.43%。其中，工业节能节水项目余额3 470.1亿元，节能服务贷款余额349.3亿元，建筑节能及绿色建筑贷款余额565.4亿元，绿色交通运输项目贷款余额1.98万亿元。因此，绿色金融信贷及环境权益的抵押并不是无本之木、无源之水。

与发达国家相比，我国的绿色银行发展起步较晚，进程依然缓慢。有经济学家指出，未来我国市场对于绿色投资的需求逐步增大，政府应作为发起人成立专业的绿色银行，或在某个发展银行下设立专业的绿色银行金融部或子公司。绿色银行将专注于环保、节能、新能源、清洁交通等领域的融资。要加快推动内蒙古自治区绿色银行的建设，就需要强有力的政策支持与保障。

国内主要开展此项业务是兴业银行，并发行了国内首单绿色信贷资产支持证券和绿色金融债券，其绿色金融业务模式和结构主要由融资服务与排放权金融服务两大系列产品构成。一方面在融资服务领域针对不同客户需求和项目类型打造出节能减排全产业链的融资服务模式；另一方面在排放权金融服务领域为客户参与排放交易各个环节提供了全面的综合服务，主要分为碳金融服务产品和排污权金融服务产品两类。目前兴业银行已构建起门类齐全、品种丰富的集团绿色产品服务体系，将围绕节能产业、资源循环利用产业、环保产业、水资源利用和保护、大气治理、固体废物处理、集中供热、绿色建筑等绿色经济的重点领域，为客户提供涵盖绿色融资、绿色租赁、绿色信托、绿色基金、绿色投资、绿色消费等系列化、个性化绿色金融解决方案。

2015年9月，中共中央、国务院印发《生态文明体制改革总体方案》，作为生态文明领域改革的顶层设计，详细阐述了建设绿色金融体系，包括"推广绿色信贷，加强资本市场相关制度建设，支持设立各类绿色发展基金，建立绿色评级体系以及公益性的环境成本核算和影响评估体系，积极推动绿色金融领域各类国际合作等。"2015年11月，《中共中央关于制定国民经济和社会发展第十三个五年规划的建议》中指出，"支持绿色清洁生产，推进传统制造业绿色改造，推动建立绿色低碳循环发展产业体系，鼓励企业工艺技术装备更新改造。发展绿色金融，设立绿色发展基金"。2016年8月，中国人民银行联合五部委共同发布《关于构建绿色金融体系的指导意见》，进一步细化了我国绿色金融体系发展的路线图。在刚刚结束的G20峰会上，习近平总书记在主旨演讲中6次提到"绿色"，会议公报首次引入"绿色金融"的定义。

由此可见，在"十三五"的发展进程中，绿色金融势必成为我国经济发展的一项重要助力，驱动发展的车轮滚滚前行。2016年1月，内蒙古自治区政府正式印发了《内蒙古自治区环保基金设立方案》，内蒙古自治区已经在绿色金融的发展进程中跨出了第一步。内蒙古自治区新型环境经济管理体系将随之创建，排污权交易管理系统如何同新管理体系对接，如何借环境经济体系改革的春风实现排污权金融同绿色金融体系有机融合，实现内蒙古自治区绿色金融体制下新型环境经济政策框架的跨越式发展将成为内蒙古自治区排污权交易管理中心下步工作中的难点与突破点。

2019年，内蒙古自治区排污权交易试点将进入改革之年，与此同时，新《环境保护法》，新《大气污染防治法》等法律法规，《生态文明体制改革总体方案》，《中共中央关于制定国民经济和社会发展第十三个五年规划的建议》等中央文件中多次提出要继续完善排污权交易管理体系。因此，如何在后试点时期明确排污权交易制度的发展方向，将排污权交易制度用足用好，服务好绿色金融体系的建设，将成为内蒙古自治区排污权交易管理中心工作的重中之重。

1.2 制度形成的历史背景

1.2.1 排污权交易试点政策的提出

在中国实施排污权有偿使用和交易政策，主要依托总量控制政策，从而形成了其特有的获取总量控制指标—批复环评—有偿使用—交易的政策实施模式。因一个区域的污染物排放指标是恒定并逐年减少的，初始分配获得的排污权体现了环境资源的稀缺性，给排污单位树立了环境资源有价的理念，通过初始分配获得排污权即视为获取了总量控制指标，而富余的排污权指标可以通过交易的方式转让给有需求的新（改、扩）建企业。总体来看，中国的排污权有偿使用和排污权交易实践总体定义为总量控制的辅助政策。

在试点实践过程中，出现了"一级市场""二级市场"的概念，但并没有官方对这一概念进行定义。一般来说有两类观点，一类观点认为，排污权有偿使用这一具有中国特色的政策是一级市场，排污权交易则属于二级市场；但也有另一类观点认为，政府与企业之间的交易，无论是老企业有偿还是新企业购买指标，都属于一级市场，而只有企业与企业之间的交易，属于二级市场。在2018年8月生态环境部调度排污权有偿使用和交易试点进展情况时，将"排污权有偿使用"定义为新（改、扩）建项目所在污染源或现有污染源通过向政府或生态环境主管部门缴纳排污权有偿使用后获取初始排污权（含政府预留、储备、回购的排污权）的方式，也包括企业间通过政府提供平台完成交易后由政府收取排污权有偿使用费用（不包括服务费、手续费等）的方式。"排污权交易"则定义为企业作为出让方进行排污权交易并获取交易金额的交易方式。该定义更为接近第二类观点。

在我国，排污权有偿使用和交易政策一直处于试点状态，发展可以分为三个阶段。

第一阶段是排污交易研究的初期探索和基础政策的研究阶段（20世纪80年代至2006年），最早可追溯到1987年上海闵行区企业之间的水污染物排污权有偿转让实践。1988年3月20日，国家环保市局颁布并实施的《水污染物排放许可证管理暂行办法》第四章第二十一条就规定了："水污染排放总量控制指标，可以在本地区的排污单位间互相调剂。"在这一时期，中国的水污染物排放交易具有零星分布的特征，交易模式多数是"企业—企业"的简单模式。20世纪90年代，中国陆续开展排污许可证和排污权交易试点工作。1994年包头、太原等6个城市进行了大气污染物排污权交易并取得初步经验；2001年，浙江省嘉兴市秀洲区出台了《水污染物排放总量控制和排污权交易暂行办法》，实行水污染初始排污权有偿使用。2004年中央人口资源环境工作座谈会提到，应通过生活市场取向的改革，充分发挥市场对资源配置和资源价格形成的基础作用，使资源性产品和最终产品之间形成合理的比价关系，促进企业降低成本，不断改进技术，减少资源消耗，增强竞争力。2006年，嘉兴市启动了全市范围的污染物排放总量控制和排污权交易。

第二阶段是排污交易的试点启动与政策构建阶段（2007—2013年）。2007年以来，财政部、环境保护部、发改委组织江苏、浙江、天津等多个省份开展排污权有偿使用和交易试点工作，2007—2013年，又陆续批复了湖北、湖南、山西、内蒙古、重庆、河北、陕西、河南等11个省（区、市）及青岛市开展试点。2011年印发的《"十二五"节能减排综合性工作方案》第四十四条要求："推进排污权和碳排放权交易试点，研究制定排污权有偿使用和交易试点，建立健全排放交易市场，研究制定排污权有偿使用和交易试点的指导意见"。在环境污染形势严峻、减排压力日益增大的"十二五"期间，建立健全排污权有偿使用与交易制度，以市场化手段开拓主要污染物总量减排之路是新的尝试和探索。全国多地依据相关政策组织开展了排污交易试点工作。各试点省份相继出台了试点实施方案、有偿使用管理办法、交易管理办法、竞价办法、确权技术规范、定价技术规范等各类规范性文件，通过政策引导初步规范了排污权初始分配和交易。各试点省份地方政府以及地方环保局、财政局、物价局、联交所等相关职能部门制定的政策文件、配套制度、技术规程等超过100项，地方试点层面的排污权交易政策体系初步形成。内蒙古自治区的试点工作也是在这一阶段正式起步的。

第三阶段是试点工作深化阶段（2014年至今）。2014年，国务院印发《关于进一步推进排污有偿使用和交易试点工作的指导意见》（国办发〔2014〕38号）（以下简称《指导意见》），结束了长期以来试点工作缺乏统一要求的局面。这份文件明确提出"到2017年，试点地区排污权有偿使用和交易制度基本建立，试点工作基本完成"。《指导意见》是第三阶段的纲领性文件，也为各地区进一步深化试点指明了方向。

1.2.2 内蒙古自治区试点批复历程及代表性

内蒙古自治区于2010年发送《关于申请开展排污权有偿使用和交易试点的函》（内政字〔2010〕153号），经财政部、环境保护部同意后正式开始试点工作。

依据财政部、环境保护部印发《关于同意内蒙古自治区开展主要污染物排污权有偿使用和交易试点的复函》（财建函〔2010〕80号）中要求，内蒙古自治区试点工作的总体任务是："以环境容量和污染物排放总量控制为前提，以建立充分反映环境资源稀缺程度和经济价值的环境有偿使用制度为核心，以促进污染减排、提高环境资源配置效率为目标，通过改变主要污染物排放指标分配办法和排污权使用方式，建立健全排污权交易市场，逐步实现排污权行政无偿取得转变为市场方式有偿占有，推进形成既符合市场经济原则，又充分反映污染防治形势的环境保护长效机制，实现环境资源的优化配置。"

总体而言，自治区开展排污权有偿使用和交易试点是自治区以市场手段推动环境污染治理与总量控制政策的一次重要尝试。内蒙古自治区是全国排污权有偿使用与交易试点中最具特色的区域之一。内蒙古自治区具有跨越中部、东部、西部的地理特征，经济结构以重点工业行业为主，能源结构以原煤占据主导地位，是全国典型的能源输出基地，也是大气污染物总量减排潜力较大的重点省份，通过试点可以对全国开展区域性的大气污染物排污权交易工作提供经验支撑。

1.2.3 内蒙古自治区开展排污权交易的必要性

内蒙古自治区以工业行业为主导，根据2010年内蒙古自治区统计数据，自治区三次产业比例为9.4:54.5:36.1，第二产业产值比重占绝对优势。2016年，三次产业比例为8.8:48.7:42.5，第二产业产值比重有显著下降。在第二产业中，工业产值比例由2010年的48.1%下降至2016年的41.6%。产业方面，自治区的主导产业为煤炭开采洗选、农副食品加工、化学原料和化学制品制造（煤化工）、黑色金属冶炼和压延、有色金属冶炼和压延，以及电力、热力生产和供应行业，均为污染排放的重点行业。2010年，这些行业产值占工业总产值的61.3%，经过5年减排工作，这些行业占工业总产值比例下降为58.5%。在工业企业尤其是重点行业占产业主导的背景下，自治区开展排污权有偿使用和交易具备典型性，能够对优化产业结构、淘汰落后产能、调整能源结构起到指导作用。

内蒙古自治区能源消费结构偏重不可再生能源，并且是能源输出大省。2010年，自治区能源生产总量49 740.18万t标准煤，但全区当年能源消费总量仅为18 882.66万t标准煤，当地消费的能源仅占能源生产总量的38.0%，其余62.0%均为对外输出。能源结构方面，2010年自治区能源生产中，原煤占92.35%，原油占0.53%，天然气占5.42%，水电、核电等其他能源占1.65%。经过5年的污染减排与煤改气替代，2016年自治区的能源生产中，原煤比重依然占89.21%，天然气为6.86%，以煤炭等不可再生能源为主的能源生产结构并未发生根本改变。以自治区的能源消费结构测算，自治区主要大气污染物减排潜力大，以排污权有偿使用为切入点开辟市场化减排道路尤为重要。

内蒙古自治区作为典型的煤炭能源输出基地，主要大气污染物的排放比例相对较高。"十二五"初期，自治区二氧化硫、氮氧化物的排放量占全国的6.2%、5.8%，远高于全国平均水平；在西部12省中占17.0%、21.1%，占主导地位。以排污权有偿使用和交易控制新建项目污染排放，辅助实现总量减排，对降低自治区的主要大气污染物排放比重有积极意义。到"十二五"末期，自治区的主要大气污染物排放占比基本保持稳定，二氧化硫、氮氧化物排放量分别降低了11.9%、13.4%，超额完成了"十二五"总量减排任务，开展主要大气污染物交易具有典型性。2010 年及 2015 年全国各省主要污染物排放量见表1 - 1、表1 - 2。

表1 - 1　2010 年全国各省主要污染物排放量　　　　　单位：万 t

省（区、市）	二氧化硫	氮氧化物	化学需氧量	氨氮
北京	10.4	19.8	20	2.2
天津	23.8	34	23.8	2.79
河北	143.8	171.3	142.2	11.61
山西	143.8	124.1	50.7	5.93
内蒙古	139.7	131.4	92.1	5.45
辽宁	117.2	102	137.3	11.25
吉林	41.7	58.2	83.4	5.87
黑龙江	51.3	75.3	161.2	9.45
上海	25.5	44.3	26.6	5.21
江苏	108.6	147.2	128	16.12
浙江	68.4	85.3	84.2	11.84
安徽	53.8	90.9	97.3	11.2
福建	39.3	44.8	69.6	9.72
江西	59.4	58.2	77.7	9.45
山东	188.1	174	201.6	17.64
河南	144	159	148.2	15.57
湖北	69.5	63.1	112.4	13.29
湖南	71	60.4	134.1	16.95
广东	83.9	132.3	193.3	23.52
广西	57.2	45.1	80.7	8.45
海南	3.1	8	20.4	2.29
重庆	60.9	38.2	42.6	5.59
四川	92.7	62	132.4	14.56
贵州	116.2	49.3	34.8	4.03
云南	70.4	52	56.4	6
西藏	0.4	3.8	2.7	0.33
陕西	94.8	76.6	57	6.44
甘肃	62.2	42	40.2	4.33

省份	二氧化硫	氮氧化物	化学需氧量	氨氮
青海	15.7	11.6	10.4	0.96
宁夏	38.3	41.8	24	1.82
新疆	63.1	58.8	56.9	4.06
新疆生产建设兵团	9.6	8.8	9.5	0.51
合计	2 267.8	2 273.6	2 551.7	264.4
内蒙古占全国	6.2%	5.8%	3.6%	2.1%
内蒙古占西部	17.0%	21.1%	14.4%	8.7%

表 1-2 2015 年全国各省主要污染物排放量 单位：万 t

省（区、市）	二氧化硫	氮氧化物	化学需氧量	氨氮
北京	7.1	13.8	16.2	1.6
天津	18.6	24.7	20.9	2.4
河北	110.8	135.1	120.8	9.7
山西	112.1	93.1	40.5	5
内蒙古	123.1	113.9	83.6	4.7
辽宁	96.9	82.8	116.7	9.6
吉林	36.3	50.2	72.4	5.1
黑龙江	45.6	64.5	139.3	8.1
上海	17.1	30.1	19.9	4.3
江苏	83.5	106.8	105.5	13.8
浙江	53.8	60.7	68.3	9.8
安徽	48	72.1	87.1	9.7
福建	33.8	37.9	60.9	8.5
江西	52.8	49.3	71.6	8.5
山东	152.6	142.4	175.8	15.3
河南	114.4	126.2	128.7	13.4
湖北	55.1	51.5	98.6	11.4
湖南	59.6	49.7	120.8	15.1
广东	67.8	99.7	160.7	20
广西	42.1	37.3	71.1	7.7
海南	3.2	9	18.8	2.1
重庆	49.6	32.1	38	5
四川	71.8	53.4	118.6	13.1
贵州	85.3	41.9	31.8	3.6

省（区、市）	二氧化硫	氮氧化物	化学需氧量	氨氮
云南	58.4	44.9	51	5.5
西藏	0.5	5.3	2.9	0.3
陕西	73.5	62.7	48.9	5.6
甘肃	57.1	38.7	36.6	3.7
青海	15.1	11.8	10.4	1
宁夏	35.8	36.8	21.1	1.6
新疆	66.8	63.7	56	4
新疆生产建设兵团	11	9.9	10	0.5
合计	1 859.1	1 851.8	2 223.5	229.9
内蒙古占全国	6.6%	6.2%	3.8%	2.0%
内蒙古占西部	17.8%	20.6%	14.4%	8.3%

根据 2010 年污染减排数据，内蒙古自治区火电厂二氧化硫排放量 68.98 万 t，占 2010 年自治区二氧化硫排放量的 49.4%；氮氧化物排放量为 131.41 万 t，其中火电行业排放量为 81.21 万 t，占 61.8%。由于内蒙古的主要污染物排放量集中于火电行业，"十二五"初期火电厂减排潜力大，开展高架源排放交易有典型性，且火电行业一直是排污权交易的主要行业，因此自治区是适宜进行排污权有偿使用和交易试点并开展相关制度探索的典型地区。

1.3 体系的建立和完善

1.3.1 制度的建立和完善

内蒙古自治区根据《财政部、环境保护部关于同意内蒙古自治区开展主要污染物排污权有偿使用和交易试点的复函》（财建函〔2010〕80 号）（以下简称《复函》）、《内蒙古自治区人民政府办公厅关于印发自治区主要污染物排污权有偿使用和交易试点实施方案的通知》（内政办发〔2011〕19 号）（以下简称《实施方案》）和《内蒙古自治区人民政府关于印发自治区主要污染物排污权有偿使用和交易管理办法（试行）的通知》（内政发〔2011〕56 号）（以下简称《管理办法》）等文件开展主要污染物排污权有偿使用和交易试点工作。

文件要求："以环境容量和污染物排放总量控制为前提，以建立充分反映环境资源稀缺程度和经济价值的排污权有偿使用制度为核心，以改善环境质量、促进污染物总量减排和提高环境资源配置效率为目标，通过改变主要污染物排放指标分配办法和排污权使用方式，建立健全排污权有偿使用及交易市场，逐步完善排污权有偿取得及交易制度。推进形成既符合市场经济原则，又充分反映污染防治形势的环境保护长效机制，实现环境资源的优化配置"。

《实施方案》中指出，内蒙古自治区排污权有偿使用与交易的实施范围为自治区境内所有排污单位，环境保护部和自治区各级环保部门审批环境影响评价文件的排污单位均纳入试点范围。

《管理办法》对内蒙古自治区内主要污染物排污权有偿使用进行了定义，即"在严格控制主要污染物排放总量的前提下，排污单位通过直接缴纳排污权有偿使用费或从交易平台购买排污权来获得主要污染物排污权的行为"，排污单位必须有偿获得主要污染物排污权方可向环境直接或间接排放主要污染物，污染物排污权凭证为排污许可证。《内蒙古自治区发展改革委、财政厅、环保厅关于扩大主要污染物排污权有偿使用征收范围的通知》（内发改费字〔2016〕331号）规定排污权有偿使用费征收范围为自治区境内所有排放主要污染物的工业企业。

《管理办法》对内蒙古自治区内主要污染物排污权交易的定义是："在严格控制主要污染物排放总量的前提下，通过排污权交易平台买卖主要污染物排污权的行为"。根据《内蒙古自治区主要污染物排污权交易管理规则》，排污权交易主体为排污权出售方和购买方：出售方即"合法拥有可供交易的排污权、具有独立法人资格并经环保厅审核认定的排污单位或排污权储备管理机构"；购买方是指"因实施新建、改建、扩建项目或短期需求将增加主要污染物排放量并需要取得相应主要污染物排污权的法人单位"。

《实施方案》《管理办法》中规定，有偿使用费按事业性收费管理，严格按照自治区非税收入收缴管理制度纳入财政预算，实行收支两条线管理。支出专款专用，主要用于环境质量改善、污染减排、环境污染治理、生态环境恢复、环保监管能力建设、主要污染物排污权收储以及交易平台运行等。

2011年9月19日，《关于印发〈内蒙古自治区主要污染物排污权有偿使用和交易资金管理暂行办法〉的通知》（内财建〔2011〕1405号）对内蒙古自治区有偿使用和交易资金管理进行了规定。有偿使用和交易资金包括初始排污权有偿使用费和政府储备排污权出让收入。排污权有偿使用费由自治区财政部门负责征收，由内蒙古自治区环保部门委托自治区排污权交易中心执收，其流程是：内蒙古自治区环保部门核定分配现有排污单位的初始排污权指标并开具《初始排污权有偿使用费缴款核定通知单》，排污单位缴纳有偿使用费获得排污权指标，并领取《内蒙古自治区政府非税收入一般缴款书》。内发改费字〔2011〕1496号文要求内蒙古自治区各级环保部门实行收费前应到同级价格主管部门办理《收费许可证》，征收款项应使用财政厅印制的收费票据，收费收入缴入同级财政国库，实行收支两条线管理，并实行收费公示。自治区环境保护部门应按规定编制排污权有偿使用收支预算，报送自治区财政部门审核。

2014年，《内蒙古自治区环境保护厅关于印发〈盟市环评审批建设项目新增污染物总量指标排污权交易办理流程〉的通知》（内环办〔2014〕111号）更新了新建企业有偿购买排污权的流程：由盟市环保局确定总量来源、总量指标后出具《总量交易核定单》，交易中心根据核定单计算交易价款，出具《交易价款核算单》，建设项目单位按核算单将价款直接汇入指定财政专户，交易中心负责打印《非税收入一般缴款书》并出具《交易签证》。

2016 年，内发改费字〔2016〕331 号文对现有排污单位排污权有偿使用费征收权限进行了进一步界定，内蒙古自治区环保部门征收自治区辖区内现有火电企业排污权价款，盟市环境保护部门征收国家、自治区级现有重点环境监控企业（国控源、区控源）中非火电企业排污权价款，旗县环保部门征收其他现有企业排污权价款。企业应一次性购买 5 年期限以上排污权，排污权使用费原则上一次性缴清。对于现有排污企业缴纳排污权使用费 1 000 万元以上、一次性缴纳确有困难的排污企业，可在排污权有效期内分次缴纳，首次缴款不得低于应缴总额的 40%，余款须在排污权有效期到期之前缴清。

截至 2012 年 3 月 1 日，内蒙古自治区依据内发改费字〔2011〕1496 号文件完成 56 家企业排污权有偿使用指标核定和费用征收，征收金额 2 038.88 万元，涉及化工、电力、煤炭开采加工、有色金属冶炼等行业；自 2012 年 3 月 1 日至 2017 年年底，内蒙古自治区排污权核定主要依据内发改费字〔2012〕253 号文开展，共核定企业 446 家，征收费用合计金额 21 864.51 万元，具体指标见表 1 – 3。

表 1 – 3　内蒙古自治区新建、改建、扩建项目排污权有偿使用数据

年份	企业数量/家	金额/万元	额度/t			
			SO$_2$	NO$_x$	COD	NH$_3$ – N
2011	56	2 038.88	1 422.08	1 649.35	76.36	5.19
2012	117	3 293.58	15 101.56	33 218.18	1 690.27	136.02
2013	129	1 772.98	10 674.29	24 417.91	143.88	13.27
2014	105	1 421.92	6 642.14	8 647.95	607.23	59.39
2015	71	9 515.11	43 828.32	50 802.58	31.34	1.64
2016	15	3 033.77	10 999.85	8 727.52	4.41	0.37
2017	9	2 827.15	5 490.46	5 768.1	0.95	22.17
合计	502	23 903.39	94 158.7	133 231.6	2 554.44	238.05

2017 年，实施排污许可制改革后，为实现排污权有偿使用和交易政策与排污许可制的有效衔接，内蒙古自治区重新开始了现有企业的排污权核定，并将核定结果作为许可排放量载入排污许可证。

1.3.2　平台体系建立和完善

内蒙古自治区为配合排污权交易管理办法、储备管理规则、电子竞价规则、挂牌交易流程等制度顺利实施，成立了内蒙古自治区排污权交易管理中心及相关机构。《关于成立内蒙古自治区排污权交易管理中心的批复》（内机编发〔2011〕92 号）中确定了内蒙古自治区排污权交易管理中心的成立，对于交易中心的职责

与主要工作内容进行了界定，并规定了相关事业编制、科室分工与经费来源。中心核定事业编制 20 名，内设办公室、交易管理科、储备管理科、现场核查科 4 个科室。批复的主要职责是负责自治区排污权有偿使用和交易的监督管理工作；负责建立和运转自治区级排污权交易平台和信息发布；负责自治区统筹的排污权储备和交易；负责污染物排放总量的技术核算和主要污染物排放许可的技术支撑；负责指导盟市排污权交易工作。

《实施方案》和《管理办法》中指出，主要污染物排污权交易在自治区排污权交易平台上进行，可采取竞拍、挂牌交易等方式进行。对于位于环境质量不达标的区域或流域、环境污染重点整治区域、限批区域的排污单位以及环保信用不良、环保挂牌督办、污染源限期治理的排污单位实行限制性交易。

自治区建立了交易综合管理、储备综合管理、电子竞拍等 6 套排污权交易管理平台系统，以实施排污许可制度为切入点和突破口，与国家排污许可证管理平台相衔接，推动污染源管理的信息化、集成化、智能化。

1.4　制度设计的探索与创新

2016 年，内蒙古自治区人民政府办公厅发布《关于印发环保基金设立方案的通知》（内政办发〔2016〕6 号），同时，自治区环保厅发布《内蒙古自治区环境保护厅推进环保基金暨"四个平台"建设工作方案》（内环办〔2016〕88 号），文件要求充分发挥市场在资源配置中的决定性作用，推行排污权交易制度，深入推进排污权交易市场化改革。

改革计划调整现有排污权交易管理机构。剥离现有排污权交易管理机构的市场化职能，政府机构不再直接参与排污权市场交易工作，侧重加强技术指导。同时，进一步加强排污许可、排放总量、排污权核定、储备等方面的技术支撑以及排污权现场核查和基础性研究等工作。逐步完善排污权市场体系，形成主体多元、充分竞争的市场格局。建立健全排污权抵押贷款、排污权租赁等绿色金融体系，充分发挥市场配置资源的决定性作用。在现有各项排污权交易制度基础上，逐渐弱化目前的基准价交易的方式，探索通过拍卖、挂牌、协议等方式出让排污权，形成价格水平随供求关系波动的市场化定价机制。结合排污许可制度，完善富余排污权储备制度，形成储备指标入库、许可信息变更同价款交割相协调的管理模式。

计划将排污权交易平台的建设、运行和维护及交易信息发布；受自治区排污权管理技术中心委托开展排污权储备工作；负责提供排污权交易及储备相关结算凭据和价款交割服务；提供排污许可证的申报登记、技术咨询、年度执行报告编制等服务；提供排污权交易金融服务，探索开展排污权质押等金融产品，为企业融资提供服务的职能划拨市场。

在此基础上，形成的排污权金融体系架构如图 1-1 所示。

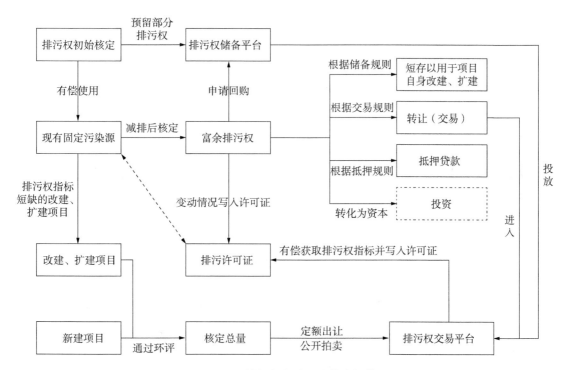

图 1-1 排污权金融运作模式架构

2

内蒙古自治区排污权交易绿色经济体系

新时期以来，内蒙古自治区的环保工作呈现"两多两少"的现状，具体体现是："欠账多、还账少；输血多、造血少"。

"欠账多、还账少"表现在西部大开发以来自治区经济飞速发展，工业企业迅猛增加，然而由于环境基础设施和治污设施建设与经济建设相比发展严重滞后。最近一段时期环境污染和生态破坏"累加效应"凸显，自治区环境保护部门四处充当"救火队员"的角色，疲于应对日益增多的突发事件或信访案件。此外，环境保护工作近年来逐渐受到各级政府部门的重视，然而，与东部发达地区相比，自治区环保投入尚数不足，严重制约了自治区污染治理的推动和环境质量的改善。随着经济发展和人民环保意识的提高，污染问题与环境质量的"木桶效应"日渐突出。已成为制约内蒙古自治区生态文明建设的短板。

"输血多、造血少"表现在国家及内蒙古自治区的环保专项资金多数直接补贴给排污企业，用于治污工程，往往是"僧多粥少"，有多数的排污企业得不到专项资金的补贴。另外补贴资金多以"以奖代补"或"以奖促治"的形式下发，企业完全自主完成污染治理工程的建设，资金的存续期短，长期促治效应不明显，对环保产业的发展推动较小。有必要通过创新资金分配及管理流程，推行环保产业扶持政策，转变环境经济的发展形式，精准撬动污染治理的杠杆。

"两多两少"的现状为内蒙古自治区环境保护事业的发展提供了最大的难题，也为新型环境经济政策框架的提出提供了最大的驱动力。针对内蒙古自治区环境保护工作中的难题，内蒙古自治区排污权交易管理中心结合自身优势，通过逐步完善排污权交易政策，为新时期自治区绿色经济的发展奠定基础。

2.1 排污权交易体系

在实践中，排污权交易主要有三种模式：基准—信用（Baseline-and-Credit）模式、总量—交易（Cap-and-Trade）模式和非连续排污削减（Discrete Emission Reductions，DERs）模式。

（1）基准—信用模式。

最早采用该模式的案例是美国环保局提出的州内大气层"排污交易计划"，通常一个排污削减信用（Emission Reduction Credits，ERCs）对应于减少 1t 某种大气污染物的排放。当污染源的实际排放量低于政府规定的许可水平、并且产生一个永久性的排污削减时，便可向环保部门申请获得排污削减信用。经审批后，这一削减信用可在市场上交易。在该模式下，美国的《清洁空气法修正案》（1986）还确认了四项交易政策，即气泡、补偿、银行和容量节余。所谓气泡，一般是指一个包含多个污染源的排污单位，只要气泡整体向环境排放的污染物总量不超过政府规定的水平，便允许该气泡在减少某些污染源排放量的同时、增加另一些污染源的排放。补偿则是为了缓解未达标地区的经济增长与环境管制之间的矛盾，新建、改建、扩建污染源要想在未达标地区投产运营，必须安装污染控制设备且达到最低的可达排放率标准，同时从现有的污染源购买一定量的排污削减信用，以补偿新排污源所增加的排放量。银行政策允许各排污单位将排污削减信用存储起来，将来用于气泡、补偿和容量节余计划或出售获利。容量节余是指在排污单位内排污净增量没有显著增加的条件下，豁免改建、扩建污染源在满足新污染源审查要求上的负担，避免了审查和立项上的诸多烦琐工作。

（2）总量—交易模式。

欧盟的碳排放权交易体系（EU ETS）、美国的酸雨计划（Acid Rain Program）等都采用了这一交易模式。该模式的运行原理如下：环境管理部门将污染物允许排放总量在排污主体（地区、行业或企业）之间进行分配，排污者获得初始排污权之后可通过市场交易购入或出售排污权，但在一个规划期结束时，排污主体必须保证所拥有的排污权数量不小于它在本期的实际排污量。随着环境容量资源的消耗，可供分配的排污权总量一般是不断下降的，从而实现了总量减排的目标。

（3）非连续排污削减模式。

该模式由美国环保局于 1995 年提出，旨在增加排污交易计划的灵活性，以促进各地区完成排放标准的要求。在该模式下，DER 表示非连续地削减 1t 某类污染物。当排污主体自愿削减排污量超过标准要求的水平时，就可以申请通过非连续排污削减模式。非连续排污削减模式与连续排污削减模式的关键区别在于，前者是永久性的排污削减，要求在以后各年都要完成相应的削减量，所以采用 t/a 的计量单位，而后者是临时性的，因此以 t 计量。

内蒙古自治区的排污权交易制度依托于我国严格的总量控制制度，建立之初借鉴了美国和浙江的经验，因此更类似于总量—交易模式，环保部门以排污权交易管理中心为核心，通过一级市场的初始排污权分配，合理有效分配初始排污权，并探索经二级市场将老排污单位和新排污单位之间进行排污权交易，在总量控制制度下更加有效地利用排污权。

2.1.1　一级市场的建立

所谓一级市场的排污权交易，即为"在严格控制主要污染物排放总量的前提下，排污单位通过直接缴纳排污权有偿使用费或从交易平台购买排污权来获得主要污染物排污权的行为"，2011—2015 年，自治区在《管理办法》中对各种排污单位缴纳排污权有偿使用费的量进行了核定相关规定。对于现有排污单位，其缴纳的量以其排污许可证允许的排污总量为基准，按照总量控制要求，由自治区环保部门核定；对于已通过环评审批但未正式投产的排污单位，其缴纳的量以环评审批确认的排污量为基准，在项目竣工环保验收前，经内蒙古自治区环保部门核定；对于新建项目需新增主要污染物排放指标的，其缴纳的量在其环评文件报审前，由自治区环保部门核定总量后确认。

2.1.1.1 制度建立的历史历程

2011 年 9 月 19 日，《关于印发〈内蒙古自治区主要污染物排污权有偿使用和交易资金管理暂行办法〉的通知》（内财建〔2011〕1405 号）对自治区有偿使用和交易资金管理进行了规定。有偿使用和交易资金包括初始排污权有偿使用费和政府储备排污权出让收入。排污权有偿使用费由内蒙古自治区财政部门负责征收，由内蒙古自治区环保部门委托自治区排污权交易中心执收，其流程是：内蒙古自治区环保部门核定分配现有排污单位的初始排污权指标并开具《初始排污权有偿使用费缴款核定通知单》，排污单位缴纳有偿使用费获得排污权指标，并领取《内蒙古自治区政府非税收入一般缴款书》。内发改费字〔2011〕1496 号文要求内蒙古自治区各级环保部门实行收费前应到同级价格主管部门办理《收费许可证》，征收款项应使用财政厅印制的收费票据，收费收入缴入同级财政国库，实行收支两条线管理，并实行收费公示。内蒙古自治区环境保护部门应按规定编制排污权有偿使用收支预算，报送自治区财政部门审核。

《内蒙古自治区主要污染物排污权交易管理规则》（内环办〔2013〕164 号）对自治区内排污权交易方式做出了规定：内蒙古自治区排污权交易中心负责自治区级的排污权储备和交易管理，组织交易活动场所、设施、信息系统等；内蒙古自治区环保厅负责认定交易双方资质、排放总量以及监督履行合同的情况。交易方式原则上采用平台上交易，采取电子竞价、挂牌、协商等交易方式。内蒙古自治区在《内蒙古自治区主要污染物排污权电子竞价交易规则》中对电子竞价交易规则进行了更加详细的规定。年度投放交易市场的排污权指标总量以上年度主要污染物减排量为基数，根据内蒙古自治区经济增长、能源消耗及环境政策等要求，经内蒙古自治区环保厅审核确认后，适时对进入交易市场的排污权指标量调整。有偿获得排污权的现有排污单位出售结余排污权指标，收益全部归排污单位；无偿使用排污权指标的现有单位出售结余排污权指标，收益中 70% 上缴财政，30% 属排污单位。

《内蒙古自治区主要污染物排污权交易管理规则》规定，排污权交易程序包括交易资格申请材料审核、交易资格认定、交易方式确定、实施交易、成交签约、交易价款结算、保证金退还、交易签证等。出售方和购买方均需提交《排污权出售或购买委托书》《排污权出售或购买资格申请》等申请文件材料，环保厅负责审核交易方资质。对于通过审查的，将《排污权交易资格通知书》送至交易中心和交易方，反之将《未通过审查通知书》送至交易方。由内蒙古自治区环保厅确认交易方资格与排污权指标供应量后，确定交易方式。购买方在接到《排污权交易资格通知书》后，按照当次交易竞价基价计算购买排污权所需金额的 30% 缴纳交易保证金。交易中心接到交易通知后按照确定的方式组织实施交易活动。交易成交后，交易双方在交易中心组织下签订《内蒙古自治区主要污染物排污权交易合同》。签订合同一日内，购买方需将交易价款一次性转入交易中心指定账户。交易中心办理交易签证后三个工作日内，将扣除交易服务费后的交易价款余额（不计利息）转入出售方指定账户。交易中心退还交易保证金时扣除交易服务费，均不计利息。

2014 年，《内蒙古自治区环境保护厅关于印发〈盟市环评审批建设项目新增污染物总量指标排污权交易办理流程〉的通知》（内环办〔2014〕111 号）更新了新建企业有偿购买排污权的流程：由盟市环保局确定总量来源、总量指标后出具《总量交易核定单》，交易中心根据核定单计算交易价款，出具《交易价款核算单》，建设项目单位按核算单将价款直接汇入指定财政专户，交易中心负责打印《非税收入一般缴款书》并出具《交易签证》。

2016 年，内发改费字〔2016〕331 号文对现有排污单位排污权有偿使用费征收权限进行了进一步界定，内蒙古自治区环保部门征收自治区辖区内现有火电企业排污权价款，盟市环境保护部门征收国家、自治区级现有重点环境监控企业（国控源、区控源）中非火电企业排污权价款，旗县环保部门征收其他现有企业排污权价款。企业应一次性购买 5 年期限以上排污权，排污权使用费原则上一次性缴清。对于现有排污企业缴纳排污权使用费 1 000 万元以上、一次性缴纳确有困难的排污企业，可在排污权有效期内分次缴纳，首次缴款不得低于应缴总额的 40%，余款须在排污权有效期到期之前缴清。

2017 年，实施排污许可制改革后，为实现排污权有偿使用和交易政策与排污许可制的有效衔接，内蒙古自治区重新开始了现有企业的排污权核定，并将核定结果作为许可排放量载入排污许可证。《实施方案》要求，内蒙古自治区内全部排污单位主要污染物初始排污权均应逐步有偿获得。其中，新建、改建、扩建项目（以下简称新建项目）通过有偿购买取得；现有排污单位和已获得环评审批文件但未正式运行的排污单位，经环保部门核准排污量并缴纳有偿使用费后，获得排污权和控制内排污量；已领取排污许可证的排污单位，待排污许可证到期换证时，有偿获得主要污染物排污权和控制内的排污量。内蒙古自治区排污权交易程序如图 2–1 所示。

2.1.1.2　交易效果

截至 2012 年 3 月 1 日，内蒙古自治区依据内发改费字〔2011〕1496 号文件完成 56 家企业排污权有偿使用指标核定和费用征收，征收金额 2 038.88 万元，涉及化工、电力、煤炭开采加工、有色金属冶炼等行业；自 2012 年 3 月 1 日至 2017 年年底，内蒙古自治区排污权核定主要依据内发改费字〔2012〕253 号文开展，共核定企业 446 家，征收费用合计金额 21 864.51 万元，具体指标见表 2–1。

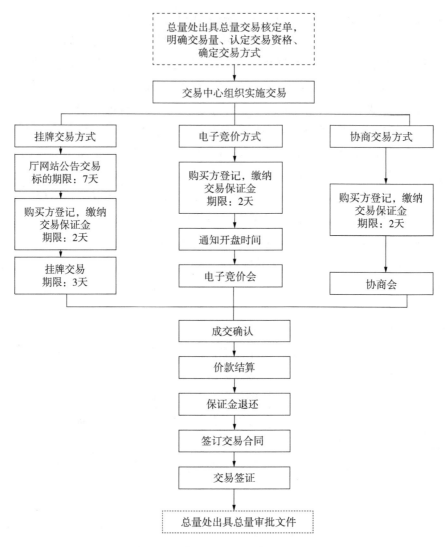

图 2 - 1　内蒙古自治区排污权交易程序

表 2 - 1　内蒙古自治区新建、改建、扩建项目排污权有偿使用数据

年份	企业数量/家	金额/万元	额度/t			
			SO_2	NO_x	COD	$NH_3 - N$
2011	56	2 038.88	1 422.08	1 649.35	76.36	5.19
2012	117	3 293.58	15 101.56	33 218.18	1 690.27	136.02
2013	129	1 772.98	10 674.29	24 417.91	143.88	13.27
2014	105	1 421.92	6 642.14	8 647.95	607.23	59.39
2015	71	9 515.11	43 828.32	50 802.58	31.34	1.64
2016	15	3 033.77	10 999.85	8 727.52	4.41	0.37
2017	9	2 827.15	5 490.46	5 768.1	0.95	22.17
合计	502	23 903.39	94 158.7	133 231.6	2 554.44	238.05

2.1.2   二级市场的发展

排污权的二级市场是指排污者之间的交易场所，是实现排污权优化配置的关键环节，主要由市场主导。排污者在一级市场上购买排污权后，如果排污需求大，就可以在满足区域污染物排放总量不变的情况下在二级市场上买入；相反，如果企业减少排污有富余的排污指标，则可以在二级市场售出获利。新建、扩建、改建企业可以从一级市场获得排污指标，也可通过二级市场获得排污指标。二级市场一般需要有固定场所、固定时间和固定交易方式等。二级市场的参与主体是各个排污者，他们形成排污权交易市场的需供方。排污权供给者的产生是因为排污权价格大于治理费，激励企业进行污染治理，而一旦治理的成果达到排放标准以下，企业就有了可以用来出售的排污权，于是就产生了排污权交易的供给者。与此同时，治理污染达不到排放标准的企业或新建、扩建的企业就成为排污权交易的需求者。排污者之间的交易在二级市场进行，这是一个完备的自由交易市场，它的交易价格以及交易规则都应该是市场化的。

排污权的二级市场实施手段主要是市场手段。在这种制度安排下，政府不仅放弃了一些配额交易的权利，部分退出了交易过程，而且也放弃了借此获得的交易利益。与此同时，企业取得了排污权交易的利益，就有了积极参与污染治理和排污权交易的巨大激励。治理污染就从一种政府的强制行为变成企业自主的市场行为，其交易也从一种政府间交易变成一种真正的市场交易。在排污权二级市场，排污者根据市场行情也可买入排污权，等到排污权市场价格涨到高于买入价格时，可出售获利。这种投资行为尽管可以获得一定的收益，但风险较大。

排污权二级市场主要是通过排污者之间的排污交易，实现环境资源的有效配置。通过市场的灵活调节，允许排污权在不同所有者之间流动，带动了污染治理责任的重新分配，通过达到竞争均衡，实现所有排污边际治理成本的均化，从而带来污染控制效率的改进，这体现了市场配置资源和合理使用环境容量的原则。除了通过污染治理成本最小化实现效率改进外，排污权二级市场还通过赋予市场主体以污染治理手段的自主决策权，调动多种手段参与污染治理，这种效果在命令型的环境政策体系下是无法达到的。

排污权二级市场交易的激励机制，是指政府通过排污权交易制度向企业传播激励标准、引导其行为方式和价值观念，以实现共同改善环境的目标。激励机制共有四种形式：一是经济激励。在总量控制下，边际治污成本低、减排技术先进的企业可通过出售排污权获利，这是企业参与排污权交易的直接经济动力。二是制度激励。在排污收费制度下，即使每个企业都能达标，排污总量依然会随企业数目的增多而增加；但在排污权交易体制下，当有新企业进入时，政府可以通过在市场上买入排污权、减少供给来影响排污权的价格，从而在不增加排污权总量的前提下调节供求关系。此外，在排污权交易中，政府与排污者之间是监管与被监管的关系，如果监管不力，可能会出现排污者与政府之间的寻租交易；反之，如果政府能够对排污者是否超标排放、是否违规交易等进行有力的监督，就会从制度上保障排污权交易的实施效果。三是技术激励。在排污收费制度下，一旦达到控污标准，企业就没有进一步减排的动力；但在排污权交易中情况却截然不同，为了多减排以获得收益，企业将努力提高技术水平、实现更多的减排量。四是信誉激励。基于多期博弈假设，一个按规排污、提供准确排放数据的排污者，会树立良好的声誉，从而减少被审查和监测的次数，或避免因超排而遭受惩罚。总之，如果政府能够科学设计并有效实施排污权交易激励机制，如稳定市场价格、加强排放监管、强化减排技术创新的激励与优惠政策、建立排污权交易信用体系等，将会极大地提高排污权交易的效率，促进排污权市场的发展。

2011 年，依据《内蒙古自治区主污染物排污权有偿使用和交易管理办法（试行）》和《内蒙古自治区主要污染物排污权有偿使用和交易试点实施方案》，内蒙古自治区排污权交易工作正式启动，主要交易两种污染物，分别为 SO_2 和 NO_x（以 NO_2 为主），试点城市为赤峰、鄂尔多斯和乌海三市，5 年内完成了 3 笔个案交易，具体情况见表 2-2。

表 2-2   内蒙古自治区排污权交易情况

交易序号	交易指标				合计金额/元
	SO_2		NO_x		
	交易量/t	交易价款/元	交易量/t	交易价款/元	
1	460	230 000	140	70 000	300 000
2	20	10 000	—	—	10 000
3	75	37 500	65	32 500	70 000

2.1.3 交易市场有效性评价

2.1.3.1 方法选择

（1）层次分析法

层次分析法是一种定性和定量相结合、系统化层次化的分析方法。层次分析法是将半定性、半定量的问题转化为定量问题的一种行之有效的方法，是分析多目标、多准则的复杂大系统的强有力的工具，有思路清晰、方法简便、使用面广、系统性强等特点。

对同一层次内的因素，通过两两比较的方式确定诸因素之间的相对重要性权重。下一层次的因素的重要性，既要考虑本层次，又要考虑上一层次的权重因子逐层计算，直至最后一层一般是要比较的各个方案权重大小。层次分析过程大致可以分为四个步骤：

①建立层次结构模型。在深入分析面临的问题后，将决策问题分为三个层次。最上层为目标层 O；最下层为方案层 P；中间层为准则层 C（准则层可以分为若干个子层），三个层次的联系用相连的直线表示。

②构造判断矩阵。通过相互比较确定各层次中的因素对于上一层次中每一因素的所有判断矩阵。

③单层排序及一致性检验。通过判断矩阵求出各层次中的因素对于上一层每一因素的权重向量，并进行一致性检验。

④层次总排序及一致性检验。将层次中的因素对于上一层次的权重向量及上一层

对于总目标的权重向量综合，确定该层次对于总目标的权重向量，并对总排序进行一致性检验。层次分析法概念直观，计算方便，容易理解，但是主观性强，客观性较差且精确度不高。

（2）灰色关联法

灰色关联分析法是由中国学者邓聚龙教授于 1982 年创立的，该理论是以"部分信息已知，部分信息未知"的"小样本"、"贫信息"不确定性系统为研究对象，主要通过对"部分"已知信息的生成、开发，提取有价值的信息，实现对系统运行行为、演化规律的正确描述和有效监控。灰色关联度分析法是将研究对象及影响因素的因子值视为一条线上的点，与待识别对象及影响因素的因子值所绘制的曲线进行比较，比较它们之间的贴近度，并分别量化，计算出研究对象与待识别对象各影响因素之间的贴近程度的关联度，通过比较各关联度的大小来判断待识别对象对研究对象的影响程度。灰色关联分析过程大致可以分为五个步骤：

①确定反映系统行为特征的参考数列和影响系统行为的比较数列。反映系统行为特征的数据序列，称为参考数列。影响系统行为的因素组成的数据序列，称为比较数列。

②对参考数列和比较数列进行无量纲化处理。由于系统中各因素的物理意义不同，导致数据的量纲也不一定相同，不便于比较，或者在比较时难以得到正确的结论。因此在进行灰色关联度分析时，一般都要进行无量纲化的数据处理。

③求参考数列与比较数列的灰色关联系数 $\xi(X_i)$。所谓关联程度，实质上是曲线间几何形状的差别程度。因此曲线间差值大小，可作为关联程度的衡量尺度。对于一个参考数列 X_0 有若干个比较数列 X_1，$X_2 \cdots X_n$，各比较数列与参考数列在各个时刻（即曲线中的各点）的关联系数 $\xi(X_i)$ 可由下列公式算出：

$$\xi_{0i} = \frac{\Delta_{min} + \rho\Delta_{max}}{\Delta_{0i}(k) + \rho\Delta_{max}}$$

式中，ρ 为分辨系数，一般在 $0 \sim 1$，通常取 0.5；

第二级最小差，记为 Δ_{min}；

两级最大差，记为 Δ_{max}；

各比较数列 X_i 曲线上的每一个点与参考数列 X_0 曲线上的每一个点的绝对差值，记为 $\Delta_{0i}(k)$。

④求关联度。因为关联系数是比较数列与参考数列在各个时刻（即曲线中的各点）的关联程度值，所以它的数不止一个，而信息过于分散不便于进行整体性比较。因此有必要将各个时刻（即曲线中的各点）的关联系数集中为一个值，即求其平均值，作为比较数列与参考数列间关联程度的数量表示，关联度公式如下：

$$r_i = \frac{1}{N}\sum_{k=1}^{N}\xi_i(k)$$

r_i 值越接近 1，说明相关性越好。

⑤关联度排序。因素间的关联程度，主要是用关联度的大小次序描述，而不仅是

关联度的大小。将 m 个子序列对同一母序列的关联度按大小顺序排列起来，便组成了关联序，记为 $\{x\}$，它反映了对于母序列来说各子序列的"优劣"关系。若 $r_{0i} > r_{0j}$，则称 $\{x_i\}$ 对于同一母序列 $\{x_0\}$ 优于 $\{x_j\}$，记为 $\{x_i\} > \{x_j\}$；r_{0i} 表示第 i 个子序列对母数列特征值。

灰色关联分析客观性较强，精确度较高，但是计算比较烦琐。

2.1.3.2　评价结果

本次采用灰色层次分析法对内蒙古自治区现行排污权交易制度进行有效性评价，根据三层次指标体系，结合内蒙古自治区及自治区内各个市的环境科学研究院所、内蒙古自治区内高校、内蒙古自治区内环境相关企业以及中国科学院生态环境研究中心等单位，环境领域内的各位专家意见，以及根据内蒙古自治区现行及计划新型的排污权交易制度，计算出评价过程中各指标相应的权重系数，见表2－3。

表2－3　排污权交易框架评价指标权重

第一层指标	第二层指标	第三层指标
市场投机程度 0.4	信息不确定性 0.25	公众对环境质量要求 0.312 5
		市场交易信息透明度 0.137
		投机者的故意行为 0.550 5
	交易频率 0.25	法律对排污权保护程度 0.825
		交易程序复杂程度 0.175
	交易效果 0.5	交易费用 0.534 5
		治污水平 0.362 5
		企业效益 0.103
监督有效性 0.4	监测水平 0.4	
	交易规则的可监督性程度 0.35	交易规则具体性 0.4
		交易规则易操作性 0.6
	公众环保意识 0.1	环保宣传投入 0.725 5
		对公众环保诉求的重视程度 0.274 5
	排污信息公示程度 0.15	信息透明度 0.356 5
		信息相关性 0.152 5
		信息可靠性 0.491
治污水平改进 0.15	治污水平改进的资金投入 0.525	
	排污权市场价格水平 0.475	
政策弹性 0.05	政策开放性 0.354 5	可修改性 0.5
		承接性 0.5
	与其他治污政策结合的适当性 0.645 5	

为了评价明确、简便，本案例将排污权交易制度的评语集确定为 $Y = \{$合理、较合理、不合理$\}$。设计了调查问卷调查三级指标的评分情况，调查问卷共发放给内蒙古环境科学研究院等单位下的 9 位在环境领域具有权威性的专家，9 位专家的评分情况见表 2 - 4。

表 2 - 4 二、三级指标的评分情况

第二层指标	第三层指标	合理	较合理	不合理
信息不确定性	公众对环境质量要求	7	2	0
	市场交易信息透明度	5	3	1
	投机者的故意行为	4	1	4
交易频率	法律对排污权保护程度	7	2	0
	交易程序复杂程度	1	2	6
交易效果	交易费用	4	1	4
	治污水平	8	1	0
	企业效益	1	6	2
监测水平		3	6	0
交易规则的可监督性程度	交易规则具体性	4	5	0
	交易规则易操作性	2	5	2
公众环保意识	环保宣传投入	5	2	2
	对公众环保诉求的重视程度	4	4	1
排污信息公示程度	信息透明度	8	1	0
	信息相关性	2	6	1
	信息可靠性	5	4	0
治污水平改进的资金投入		4	4	1
排污权市场价格水平		2	6	1
政策开放性	可修改性	3	5	0
	承接性	4	5	0
与其他治污政策结合的适当性		6	3	0

根据以上各因子评价结果，"市场投机程度"上各因素综合评价结果为：

$$B = A \cdot R = (0.25, 0.25, 0.5) \cdot \begin{pmatrix} 0.563\,8 & 0.176\,3 & 0.259\,9 \\ 0.661\,1 & 0.222\,2 & 0.116\,7 \\ 0.571\,2 & 0.168\,3 & 0.260\,4 \end{pmatrix}$$

$$= (0.591\,8, 0.183\,8, 0.224\,4)$$

"监督有效性"上各因素综合评价结果为：

$$B = A \cdot R = (0.4,\ 0.35,\ 0.1,\ 0.15) \cdot \begin{pmatrix} 0.3 & 0.6 & 0 \\ 0.311\ 1 & 0.555\ 6 & 0.133\ 3 \\ 0.525\ 1 & 0.283\ 2 & 0.191\ 7 \\ 0.623\ 6 & 0.359\ 5 & 0.016\ 9 \end{pmatrix}$$

$$= (0.374\ 9,\ 0.516\ 7,\ 0.068\ 4)$$

"治污水平改进"上各因素综合评价结果为：

$$B = A \cdot R = (0.525,\ 0.475) \cdot \begin{pmatrix} 0.444\ 4 & 0.444\ 4 & 0.111\ 1 \\ 0.222\ 2 & 0.666\ 7 & 0.111\ 1 \end{pmatrix}$$

$$= (0.338\ 9,\ 0.55,\ 0.111\ 1)$$

"政策弹性"上各因素综合评价结果为：

$$B = A \cdot R = (0.354\ 5,\ 0.645\ 5) \cdot \begin{pmatrix} 0.388\ 9 & 0.555\ 6 & 0.055\ 6 \\ 0.6 & 0.3 & 0.1 \end{pmatrix}$$

$$= (0.525\ 2,\ 0.390\ 6,\ 0.084\ 2)$$

排污权交易制度有效性的各因素综合评价结果为：

$$B = A \cdot R = (0.4,\ 0.4,\ 0.15,\ 0.05) \cdot \begin{pmatrix} 0.591\ 8 & 0.183\ 8 & 0.224\ 4 \\ 0.374\ 9 & 0.516\ 7 & 0.068\ 4 \\ 0.338\ 9 & 0.55 & 0.111\ 1 \\ 0.525\ 2 & 0.390\ 6 & 0.084\ 2 \end{pmatrix}$$

$$= (0.463\ 8,\ 0.382\ 2,\ 0.138)$$

从上述计算分析结果我们可以分析得出，在内蒙古自治区进行排污权交易制度设计，认为"合理"的比例为46.38%，"较合理"的比例为38.22%，"不合理"的比例为13.8%。

"市场投机程度"因素对排污权交易制度有效性的影响，"合理"的比例为59.18%，"较合理"的比例为18.38%，"不合理"的比例为22.44%。

"监督有效性"有效性对排污交易制度的影响，"合理"的比例占37.49%，"较合理"的比例为51.67%，"不合理"的比例为6.84%。

"治污水平改进"对排污权交易制度有效性的影响，"合理"的比例为33.89%，"较合理"的比例为55%，"不合理"的比例为11.11%。

"政策弹性"因素对排污权交易制度有效性的影响，"合理"的比例为52.52%，"较合理"的比例为39.06%，"不合理"的比例为8.42%。

根据以上评价结果，对内蒙古自治区实施排污权交易制度有效性进行分析，可以得出以下结论：

（1）综合环境领域内各个单位的专家意见结果显示，在内蒙古自治区实施排污权交易制度，"合理"和"较合理"的比例共占81.6%，那么，我们可以认为，在内蒙古自治区实施排污权交易制度是有效的。组建排污权交易市场，顺应国家实施可持续发展战略，有利于构建资源节约型、环境友好型社会，对于增长经济效益，调整经济结构具有深远的意义。

（2）市场投机程度对排污权交易市场有效性影响较大。因此，在内蒙古自治区实施排污权交易制度时，应尽可能控制市场投机行为对排污权交易的影响。在排污权交易制度实施初期，政府应其主要的调控作用，通过降低交易费用，简化交易程序，提高交易的达成速度等措施对排污权交易市场投机行为的可能性进行控制。随着排污权交易市场发展成熟后，不能过度依赖政府的行政管制，应主要以市场力量控制投机行为。

（3）对排污权交易制度有效性影响最大的是监督有效性，比例达到89.16%。说明在内蒙古自治区内实施排污权交易制度时，应加大环保部门的监督力度，认真执行监督排污和交易的职责，对违规排放的企业进行严厉的处罚。同时也应提高公众的环保意识，遵守合法的排污和交易规则，承担相应的监督责任。

（4）治污水平的改进对排污权交易制度有效性也有着一定影响。在内蒙古自治区实施排污权交易制度，一方面要坚持排污者付费、市场化运作、政府引导推动的基本原则，尊重企业主体地位，积极培育可持续的商业模式，创新投资运营机制，加强政策扶持和激励，强化市场监管和服务，使污染治理效率和专业化水平明显提高，社会资本进入环境治理市场的活力；另一方面要进一步激发创新治污模式，吸引和扩大社会资本投入，以市场化、专业化、产业化为导向，营造有利的市场和政策环境，改进政府管理和服务，不断提升我国污染治理水平。

（5）政策设计应具有一定的弹性，排污权交易政策不是独立的政策，它具有承接性和关联性，需要与其他环境治理政策能结合起来一起促进污染的治理，改善环境质量。

2.1.4　开展跨行业跨区域排污权交易的研究

2.1.4.1　排污权跨行业交易体系

开展排污权交易的重要条件之一就是企业具有不同的边际成本，而不同行业间治理污染的边际成本是不同的。从这个意义上说，排污权交易应该尽可能地包含不同行业不同类型的企业，因为治理污染的成本相差越大，排污权交易可以节省的费用潜力就越大，开展交易的可能性也就越大。跨行业的排污权交易还有助于推动产业结构的优化：一般来说，新兴产业单位产值的污染排放量较小，因而在购买排污权时更具有竞争力，允许并鼓励污染小、效益高的企业参与排污权交易，有助于新兴产业的兴起；同时，污染严重且效益较差的老企业可以从停业出让排污权中获利，降低其停业的成本或者阻力，加速这些企业的淘汰，从而有利于发展清洁生产。

排污权基价测算模型的关键因子中已经包含了跨行业交易折算系数，统一考虑了行业交易排污权折算因子和定价机制。各地在处理不同行业的排污权交易时，主要通过价格杠杆进行控制。例如，浙江省嘉兴市除了规定有偿使用收费标准，还规定了排污权购入量的平衡调剂水平，即购入量应达到新增排污量的1.2~1.5倍，甚至更高；浙江省绍兴市纳管生活污水为主的轻污染项目则按日纳管废水量计量缴费1 000元/t［合计约5 500/t（COD）］，一般工业废水和高污染工业废水的基准价要再乘以1.2~2.0的系数；江苏省也针对不同行业、企业都设置了不同的水污染物有偿使用收费标准，重污染行业的收费标准较高。

此外，对于特别需要限制的行业，除了限定该行业的排放总量外，不妨参照绍兴市的做法，规定其新建、改建、扩建项目的排污权不可以从政府储备排污权中获得，而必须从市场上购入，进而可以通过市场价格来进一步限制重污染行业的发展。

特别需要说明的是，尽管大气污染物中低矮面源与高架点源之间由于非均质和均质影响的差异并不适合交易，而水污染物则可以在恰当的地理范围和尺度内进行面源和点源交易，这在美国是常见的交易方式。不过非点源与点源之间的交易需要考虑不确定性比率主要考虑非点源的削减量难以准确测算。而美国环保局认为非点源采取的最佳管理措施（BMP）的置信度水平在于其BMP的设计、安装、维护和运行方式合理与否，以上因素共同影响了不确定性的结果，通常比点源管理的不确定性要大。

因此，对排污权跨行业交易方案设计应注意以下几点：

（1）建议通过适当的政策促进排污权从重污染行业流向新兴战略产业，一方面，在设置重污染行业新建、改建、扩建项目购买排污权的折算因子以外，限制其获得储备排污权的资格，要求必须从市场购买排污权；另一方面，固定一定比例的储备排污权，专项用于新兴战略产业项目，保证其随时可以买到排污权，甚至直接奖励排污权。

（2）应当禁止可能增加有毒有害难降解物质排污环境的跨行业排污权交易的发生，例如限制农业污染源、生活污染源的排污权进入工业项目，排放一般污染物的工业排污权限制进入排放特殊有毒有害污染物的新建、改建、扩建项目，低矮面源与高架点源之间的交易也需要慎重对待。

（3）建议火电企业（包括其他行业自备电厂，不含热电联产机组供热部分）不参与其他行业企业进行涉及二氧化硫、氮氧化物的排污权交易，一方面，工业污染源不得与农业污染源和机动车污染源进行排污权交易；另一方面，如果国家或者省内还有其他限制条件，也应该严格执行。

（4）建议放开二级市场交易价格的控制，以便更好地通过市场来体现置换比例或折算系数产生的市场调节作用。

（5）水污染物中，非点源与点源之间的排污权交易应当考虑不确定性比率作为折算因子的一部分。

2.1.4.2 排污权跨区域交易体系

我国与美国的实际情况有很大差别，因此我国排污权交易市场的设置应有其特殊性，即必须以环境功能作为划分的标准，从而体现环境功能的完整性。这就必然涉及跨行政区域的问题，要求必须打破行政区域壁垒，在流域（或区域）范围内建立排污权交易市场，进行统一管理，这也是国际上环境资源（特别是水资源）管理的趋势。

排污权基价测算模型的关键因子中已经包含了跨市（区域）折算系数，统一考虑了跨区域交易排污权折算因子和定价机制。大气污染物跨区域交易时，按照该跨市折算系数的设定，一般情况下，跨市交易折算系数 γ_i 取值为1；对部分地区的空气质量总体较优，需要加强保护的城市，可以要求其辖区内企业买入排污权时的跨市交易折算

系数 γ_i 取值为 0.5。而水污染物在流域内原则上限定在设区和县（市）范围内交易，则说明其跨市交易折算系数 γ_i 一般取值为 0；特殊情况需要省环境保护行政主管部门批准的，则应当依据环境影响评价结果来设定折算系数值。

特别地，根据国家减排任务的削减比例等要求规定了建设项目要按"所在县（市、区）十二五"主要污染物削减比例置换"。这个置换比例由于存在区域差异本质上就是存在了不等于 1 的跨市交易折算系数。其他规定"主要污染物环境质量超过环境功能要求的城市和水域"，不允许"其所辖范围内的排污单位"作为受让方与"本区以外的排污单位进行交易"的，以及"国家确定的大气污染联防联控重点区域"，"不得作为排污总量指标受让方接受非重点区域的"，其跨区域买入排污权时折算系数取值同为零。

对于上述特殊的、需要依据环境影响评价结果来设定折算系数值的情况，可参考美国"交易比率"的思路。

"交易比率"是美国水污染物交易中的技术特点之一。在美国的相关研究中，多数情况下，污染物排放不是建立在"1 lb 污染物等于 1 lb 污染信用（排污权）"的基础上的，即由于流域的上下游关系、污染物类型的不同、卖方自身情况等原因，买方购买 1 lb 污染信用（排污权）后，未必能够按照 1 lb 的质量排放污染物。因此，需要引入交易比率用以折算买卖双方的污染物量。例如，交易比率为 4:1 的交易项目要求购买方购买 4 lb 的污染信用来达到其 1 lb 污染物削减的目标。这与交易折算系数是异曲同工的。

交易比率根据水域的特点制定，决定交易比率的因素与自然环境、污染物或阶段性目标相关。尽管美国的交易项目使用各种各样类型的交易比率和不同的条款来描述它们，交易比率的基本种类都是传输、位置、等价、回收及不确定性。特定交易的交易比率可能包含一个或多个比率，这取决于交易的类型。

在点源位于特定水体上游时要使用位置比率。这时需要说明交易范围内点源与下游水体间的距离及水体独特的流域特征（如海湾、河口、湖泊、水库）。靠近水体下游的污染源的位置比率要小于上游的污染源的位置比率。例如，更靠近下游相关水体的点源 A 比上游点源 B 的交易比率低，如果两个污染源计划交易，就需要考虑位置比率。假设点源 A 的位置比率是 2:1（即点源 A 排放 2 t 的污染物导致相关水体产生 1 t 的污染），而点源 B 的位置比率为 3:1，则二者的交易比率中就包含两个位置比率的因素而成为 3:2。

区域经济协调发展、区域环境容量优化配置、污染治理成本区域差异及实际操作中存在的时间差等问题，都使得跨区域交易存在一定的市场需求，而流域内也存在跨区域交易的需求。对排污权跨区域交易应做到以下几点：

（1）跨区域交易应当在合适的条件下促成，而非不计成本地要求各地积极主动推行跨区域交易，应该按照统筹发展规划，鼓励排污权跨区域交易。主要适用条件包括区域污染治理成本差异足够大和区域经济效率差异足够大，且应当限制在排放二氧化硫、氮氧化物、烟尘和工业粉尘的高架污染源，以及一定边界尺度内的化学需氧量和氨氮。

（2）在现有的按行政区域分配的总量控制目标和污染减排制度下，建议将水污染物交易暂时限定在设区和县（市）的较小行政区划范围内交易。今后即使允许水污染物的跨区域交易，也应当限定在流域内部的适当地理范围内。

（3）将对非达标区域或其他重点区域内排污单位不允许作为排污权受让方与本辖区外排污单位进行交易的政策加以落实，使此类区域采取本市内部交易的方式进行置换式的升级改造，甚至可以通过超过 1:1 的替代比例来加速当地环境质量的改善进程。非达标区域名单应当根据环境质量及其功能区划分情况进行定期更新公布，以便相关主管部门和管理机构遵照执行。另外，地方确定的大气污染联防联控重点区域，也不得作为受让方接受非重点区域的交易指标。

（4）对于污染物排放强度较低，且环境容量资源较丰富、环境质量较好的地区应当允许或鼓励从其他地市购入排污权，以便提高环境容量的利用效率，产生更高的附加值。为保证这些地区的环境容量利用效率，应当在环评过程中确保项目采用最佳可行技术（BAT），以保障项目的装备水平、污染治理设施水平可以实现尽可能低的污染物排放强度。

（5）跨区域交易的折算因子及定价机制已经融入排污权交易基价模型，对于水污染物跨区域交易的特殊情况，可以进一步考虑传输比率和位置比率来修正折算因子。

（6）在跨区域交易时可以直接以企业为交易主体。跨区域交易在流程上的主要差异在于买卖双方资格审核时主要由所属设区市环保部门审批，但进行后续交易操作就交由省排污权交易中心进行（如果是辖区内的交易，则可以直接由当地排污权交易业务受理机构操作）。

（7）应当在现有的排污权交易平台的系统中对买方所属区域进行特别标识，尤其是禁止买入的非达标区域和重点区域；进而对这类买方查看的卖方信息进行标识，说明哪些排污权是不允许这些买方购买的，系统也不允许相关交易的申请。

（8）放开二级市场价格的控制，更有利于跨区域交易市场的发展，可以解决排污权交易领域地方保护主义的经济根源。

（9）在实施属地分级管理的同时，注意避免出现即使市内无法达成交易也要设卡扣留排污权，禁止出让到本市或本县以外区域的极端情况。

（10）可以通过设定地方排污权储备上交比例和对应的省排污权交易中心出让地方上交储备排污权后财政资金返还比例，满足省排污权交易中心的区域间协调需要。

2.2　排污权储备体系

排污权储备是指各级排污权储备管理机构通过无偿收回、投资入股污染治理设施按比例回收、原价回购等形式，将排污权纳入政府储备量的行为。储备排污权主要来源包括：

（1）预留初始排污权；

（2）通过市场交易回购排污单位的富余排污权；

（3）由政府投入全部资金进行污染治理形成的富余排污权；

（4）排污单位破产、关停、被取缔、迁出本行政区域或不再排放实行总量控制的污染物等原因，收回其无偿取得的排污权。

2014年8月，国务院办公厅明确建立排污权储备制度，回购排污单位"富余排污权"，适时投放市场，重点支持战略性新兴产业、重大科技示范等项目建设。《中国21世纪初可持续发展行动纲要》也指出，建成资源可持续利用的保障体系和重要资源战略储备安全体系是我国世纪初可持续发展的具体目标之一。排污权储备制度的建立将为规范地区排污权交易秩序，保障市场体系的良性运行，避免环境容量资源配置因"市场失灵"而造成的低效运行提供有力保障。它有利于充分发挥有限环境容量资源价值，整合现有资源布局，通过加强闲置环境容量资源的流动性实现地区可持续发展目标。

大部分省（市、区）如山西、陕西、河北、青海、内蒙古等的储备排污权来源基本一样（除福建和重庆），预留初始排污权纳入政府储备排污权。目前，大多试点省市的政府储备排污权都是无偿取得的，湖南省、浙江省和内蒙古自治区都已开展排污权回购，福建省开展排污权有偿收储。湖南省探索实施"以收代补"的污染治理资金拨付模式，从排污权有偿使用和交易资金中安排环境污染治理资金补助时，环保部门需要将排污单位的减排指标收回省排污权交易中心储备，项目业主有权选择同意排污权指标回收还是放弃申请治理资金。企业已经有偿获得的指标，按照市场交易价格回购。

储备市场的建立可以通过"行政政策"下的市场手段调节市场。作为一种资源类产品，我国现有的土地储备系统及水权储备系统等资源类储备系统均可提供诸多经验。目前我国开展的水权储备政策是指政府掌握一定数量的水权，并以此来对水权交易市场进行调节。政府的水权储备主要来源于三个方面：一是水权初始分配中预留的水权；二是政府罚没的水权或者待分配水权；三是政府在规定条件下可以使用的"准储备水权"。政府的水权储备政策类似于中央银行货币政策工具中的存款准备金政策。这一政策是通过政府调节水权储备比例来实现的。主要针对水权市场的价格波动和资源量波动进行及时响应而设立。目前我国开展的土地储备是指市、县人民政府国土资源管理部门为实现调控土地市场、促进土地资源合理利用目标，依法取得土地，进行前期开发、储存以备供应土地的行为。土地储备能提高政府对城市土地市场的调控能力；优化了城市土地资产利用结构，调整土地资产利用方式；盘活企业存量土地资产，提高城市土地的配置效率；增加财政收入，为城市基础设施建设和城市环境改善提供资金；提高城市居民的生活质量；促进城市土地市场的健全和有序发展（《中国城市土地储备研究进展及展望》）。

2.2.1　储备制度的建立

综合考虑国内外已有的先进经验，内蒙古地区基于"预留总量"及"盘活存量"思想建立形成以"预留初始排污权储备制度"和"富余排污权收储制度"为核心的排污权储备制度。排污权交易的特点是发挥市场在资源配置中的基础性作用，但市场机制的自发作用容易造成经济失衡和出现盲目性，导致资源的浪费而引发"市场失灵"。结合内蒙古自治区环境容量资源的特有性质，原有的单一排污权交易体系不能满足本地区对有限资源高效利用的迫切需求。随着形势发展变化，如何加强排污权指标的流动性、盘活存量，最大限度地在完成总量减排指标的基础上与经济社会发展相适应，适应内蒙古自治区转方式、促发展的现实需要，成为排污权交易工作的重点和难点。因此在充分发挥市场对环境容量资源的基础性配置作用的同时，还需探索对排污权市场调控的重要手段，内蒙古自治区基于以上考虑创立了一套独有的排污权储备机制。

由于基础性的污染物总量控制政策不同，西方国家业已开展的排污权交易管理的许多相关工作对中国缺少借鉴意义。但是针对排污权交易市场构建的管理及相关政策联动等方面具有指导性作用。在现有社会经济条件中，只有政府的公权力能够通过制度建设和宏观调控来调控市场需求。在西方国家排污权交易市场建立之初的经验教训告诉我们，政府需要在市场建立之初提供最初的推动力，并在法律法规设立、制度建设、系统维护等领域发挥其不可替代的作用。但是单纯公权力的使用容易转变成市场运行的阻力，"拉郎配"就是在这样的阻力下产生的。

2013 年 6 月 25 日 164 号文公布了《内蒙古自治区主要污染物排污权储备管理规则》，对自治区的主要污染物排污权收储进行了规范：主要污染物排污权的回购与储备经内蒙古自治区环保厅授权，由内蒙古自治区排污权交易管理中心负责统筹自治区的排污权指标储备管理，其他由盟市排污权储备机构储备。有偿获得排污权富余排污权指标，市场交易和申请储备用于以后企业扩能改造或上新项目均可；无偿获得排污权富余排污权指标只能在一年内进行市场交易，逾期由交易中心无偿收储；新改扩建项目在正式投产前出现富余排污权指标的由交易中心有偿收储；现有排污企业因生产量连续 6 个月以上降低而出现的年度富余排污权指标，可以向交易中心申请储备，以冲抵后续年份购买排污权指标费用；排污单位因关闭、破产或迁出内蒙古自治区的，由自治区排污权交易储备机构以不高于其购买价回购收储其主要污染物排污权。排污企业不得自行储备富余排污权指标，必须向交易中心申请储备，储备年限不超过 3 年。排污权交易中心有偿收储排污权指标，均按照交易基准价格回购。

《管理规划》中指出，内蒙古自治区环境保护行政主管部门确认后，在满足主要污染物排放总量控制要求的前提下，自治区排污权储备管理机构可以根据市场需求、购买方所在地环境质量、经济发展状况等因素出售储备的主要污染物排污权指标。

由于富余排污权核定的相关工作尚未开展，排污权回购主要针对已批未建项目，2015 年，储备科对各盟市上报的"十二五"以来取得主要污染物总量指标建设项目的进展情况及 2012 年有偿取得排污权建设项目的进展情况进行了统计、分析和汇总，确认企业建设、开工情况，督促未开工的建设项目尽快到内蒙古自治区环保厅申请排污权回购。

2015 年 10 月，经多次整改升级的排污权储备管理系统正式上线，企业可以通过储备系统进行排污权回购网上申请，并实时查看审批情况；管理端可通过系统随时查看企业申请情况，排污权的富余情况及储备情况。

排污权管理的相关行政职能归口总量处，目前排污权回购由内蒙古自治区环保厅总量处受理，审批后进入回购流程，转交交易中心储备科办理。储备科代表中心同企业签订排污权回购协议，登记企业回购信息，完成回购流程，入库回购指标，建立回购档案。

2.2.2 排污权储备制度实施效果

截至 2017 年 11 月 14 日，内蒙古自治区已完成 10 家企业排污权储备，收储范围包括企业通过减排措施实现的污染物减排量、新改建企业购买或申请排污权但企业未正式建设或投产的排污量等，累计储备二氧化硫、氮氧化物、化学需氧量、氨氮 3 073.34 t、6 217.62 t、728.28 t、77.75 t，主要覆盖水泥、集中供暖等行业，具体见表 2 – 5。

表 2 – 5 内蒙古自治区回购储备企业表

企业名称	回购指标/(t/a)			
	SO_2	NO_x	COD	$NH_3 – N$
内蒙古×××蓖麻油高科技有限公司项目	60.87	102.17	4	0.24
鄂尔多斯市×××光电有限责任公司	0	0	713.81	76.82
内蒙古×××水泥有限公司	107.65	968.32	0	0
牙克石×××型煤有限公司	783.3	564.3	0	0
大唐××××能源开发有限公司	175.71	821.5	0	0
内蒙古×××业科技有限责任公司	357.03	451.49	10.47	0.69
内蒙古×××能源开发有限责任公司	507.88	838.5	0	0
乌兰察布×××水泥有限公司	44.72	1 284	0	0
内蒙古××××有限公司	78.5	183.8	0	0
中海油内蒙古××××有限责任公司	957.68	1 003.54	0	0
合计	3 073.340	6217.620	728.28	77.75

在市场机制的作用下，排污权交易体系可能出现短暂的波动。针对此种情况，内蒙古自治区排污权交易管理中心建立了以排污权指标的收储及再投放为基本手段的排污权储备机制。排污权储备制度是以市场手段调节排污权交易市场流动性及稳定性为核心，也是基于市场手段盘活存量，高效利用有限排污权指标的根本。

基于提高排污权交易市场稳定性的目的，通过储备体系收储的富余排污权指标的适时投放以应对短期市场的剧烈波动。通过将富余排污权指标适时投放市场，可以充分发挥宏观调控能力，市场震荡时可将回购的指标投放市场以平复波动，市场疲软时可将回购资金用于回购以刺激排污权市场的活力。储备排污权指标的投放作为一种调控手段，适时投放和适量投放成为调控的关键。

排污权交易中心为排污权交易提供一个公平有序的技术平台，通过对平台全部交易记录的统计分析，交易中心可第一时间掌握排污权交易市场的活动规律及波动情况。目前针对适时、适量的基于市场走向的人为判断，下一步将针对此方向加大科研力度，加强针对排污权交易市场价格变动预测模型，排污权交易市场决策模型的开发。此外，储备库中的排污权指标可适时投放市场并可用于保障重点支持战略性新兴产业、重大科技示范等项目建设。

2.3 排污权抵质押体系

2015 年以前，各试点省份均将排污权有偿使用和交易政策定位为区域总量控制制度的辅助政策，作为区域总量控制指标调剂的经济手段。政策实施的主要目的是在总量控制框架下通过等量或者减量替代腾挪排污指标，为新建项目寻找合理的指标来源，政府通过储备排污权保障重大新建项目的指标来源。排污权有偿使用是对以行政命令为主的总量控制政策的经济补充，其目的在于体现环境资源的稀缺属性，体现排污单位对排污权的占用需要付费；排污权交易是以市场手段分配区域内的总量控制指标，使得排污权从现有的、生产工艺与污染防治水平相对落后的排污单位向新建的、生产工艺与污染防治水平相对先进的排污单位转移，从而优化资源配置，控制污染排放。部分工作开展较早、市场竞争意识较为强烈的试点地区，也在排污权交易工作基础上开展了排污权抵押贷款、排污权租赁等金融创新，开展了初步的绿色金融实践。

2.3.1 其他省市的排污权抵质押体系

排污权抵押贷款，是浙江省排污权交易的制度创新，环保部门联手金融部门，既减轻企业负担，又顺利推进排污权交易，还有助于促进企业开展节能减排工作，排污权作为企业的一种无形资产，应当具有各资源配置与资金融通的功能。浙江省将排污权抵押贷款定义为借款人以自有的、依法可以转让的排污权为抵押物向贷款人申请获得贷款的融资活动通过排污权抵押贷款，体现了环境资源的经济价值，也解决了中小企业的融资问题。从企业角度来说，排污权抵押贷款为企业创造了新的融资渠道，为企业技术改造和工业转型升级提供有力的全融支持。从排污权交易的角度来说，排污权抵押贷款对排污权市场的快速发展起到了很好的促进作用，提高了企业参与排污权交易、排污权使用和管理的积极性。从银行角度来说，排污权抵押贷款为银行提供了低风险的信贷业务，为创新绿色金融提供了方向。

排污权租赁也是浙江省开展试点以来的一项政策创新。企业通过有偿使用购买的排污权，有时会暂时闲置而没有投入生产，此时企业是舍不得将这部分排污权出售的，而租赁则是盘活排污权市场的一种办法。在宁波，还颁发了《宁波市排污权租赁管理暂行办法》等文件规范租赁行为。在该文件中，界定排污权租赁是指政府储备排污权、排污单位或建设项目经排污权有偿使用和交易等方式有偿获得的排污权，以租赁的形式临时出让给排污单位使用的行为。同时还规定无偿获得的排污权不得用于出租。排污权租赁是短期的排污权转让使用，其理念比较接近美国最初设计的水质交易。

重庆市为进一步加强污染源精细化管理，在全市范围内开展环境监管网格化管理模式。其中就涉及通过排污权注册登记制度，形成企业排污权核定、登记、使用、清缴、储备、抵押、减免、缓缴和政府账户管理等信息库，并在环保部门实现建管、许可证、固管、排污费核定征收及排污权交易等数据综合利用，为环保部门开展排污权规范化、精细化管理提供基础支撑。对于政府储备排污权和企业持有排污权的往来记录，政府和企业都可通过系统获得有关信息，情况"一目了然"，工业企业主要污染物排放总量均可以通过精确计算确定，总量决策"有凭有据"。重庆还在学习借鉴排污费征收稽查、社会保险稽核等成熟经验的基础上，结合试点工作实际，制定出台了《重庆市排污权有偿使用和交易稽核暂行办法》（渝环发〔2015〕63号），开展排污权有偿使用和交易稽核工作。《稽核办法》对稽核实施、稽核方式、稽核内容、稽核程序、稽核处理及责任追究等事项进行了统一规范，稽核内容突出逆向监管，稽核内容覆盖排污权有偿使用和交易全过程和各环节，稽核处理突出环境管理正向逆向协作、上下互动和部门联动。

浙江、山西、重庆、湖南等地初步建立了排污权抵押贷款投融资机制。排污权抵押贷款是资源有偿、环境有价的发展新理念，把排污权作为一种新的融资担保方式引入金融信贷领域，能够达到既能改善环境质量又能解决企业资金压力和融资难题的效果。试点地区以排污权作为担保物进行抵押融资，与银行等金融机构携手互动，解决企业短期融资困难问题，开辟了融资新渠道，使排污权由行政许可属性转变为生产要素属性，提高了企业排污权的资产性和流动性，推动排污权市场的全面构建。另外，排污权抵押贷款政策性投融资机制的实施，有利于银行、企业、政府三方形成良性互动，能有效缓解企业发展面临的资金压力，共同推进绿色发展、产业转型，同时也强化社会各界对排污权"物权、财产性"的认识，对于推动企业节能减排、排污权交易市场机制建设和低碳金融发展等具有重要意义。

2.3.2　内蒙古自治区排污权抵质押体系的探索

2014年内蒙古自治区排污权交易管理中心对排污权抵押贷款投融资也开展了探索，并与兴业银行进行了多次洽谈，就排污权抵押贷款的融资形式、融资额度、排污权担保形式等展开了研究探索。但最终因二级市场未建立，抵押贷款业务也并未实际开展。

2.4　排污权定价体系

排污权初始分配模式主要有无偿授予和有偿分配两大模式，后者又可分为公开拍卖和定价出售两种。有偿分配模式与免费发放不同，有偿分配模式是在总量控制的基础上，将市场机制引入排污权的初始分配，进行竞争性设计。正是排污权的特许物权属性，决定了其初始分配不能像普通市场的商品流通，因此政府就在其与相对人之间模拟一个市场，采用拍卖、定价、出售等公平竞争的方式把许可证授予相对人。排污企业必须缴纳一定的费用之后才能从政府那里获得企业发展所需的排放污染物的权利，排污指标的价格也会因污染物的种类等不同而有所区别。有偿使用方式很好地体现了排污权的产权价值，是对排污权市场价格扭曲的纠正。同时，它还能有效提升企业治污的积极性，防止部分企业滥用排污权；而国家在此过程中也将环境污染造成的损失内部化，为环保事业提供资金支持，这就在客观上拓宽了环保融资的渠道。因而有偿分配方式在效率和公平方面以及环境保护和市场交易中有更大的优势，实践中主要有定价出售和拍卖两种形式。初始排污权定价是排污权有偿使用和排污交易的基础性工作和关键环节，过高或过低的价格都会在很大程度上影响政策的实施以及排污权交易二级市场的活跃程度，因此，如何正确制定初始排污权有偿使用的价格显得至关重要。

2.4.1 原有排污权核定及分配定价体系

内蒙古自治区根据 2010 年财政部、环境保护部印发的《财政部、环境保护部关于同意内蒙古自治区开展主要污染物排污权有偿使用和交易试点的复函》（财建函〔2010〕80 号）（以下简称《复函》）、2011 年《内蒙古自治区人民政府办公厅关于印发自治区主要污染物排污权有偿使用和交易试点实施方案的通知》（内政办发〔2011〕19 号）（以下简称《实施方案》）和 2011 年《内蒙古自治区人民政府关于印发自治区主要污染物排污权有偿使用和交易管理办法（试行）的通知》（内政发〔2011〕56 号）（以下简称《管理办法》）等文件开展主要污染物排污权有偿使用和交易试点工作。文件要求："以环境容量和污染物排放总量控制为前提，以建立充分反映环境资源稀缺程度和经济价值的排污权有偿使用制度为核心，以改善环境质量、促进污染物总量减排和提高环境资源配置效率为目标，通过改变主要污染物排放指标分配办法和排污权使用方式，建立健全排污权有偿使用交易市场，逐步完善排污权有偿取得及交易制度。推进形成既符合市场经济原则，又充分反映污染防治形势的环境保护长效机制，实现环境资源的优化配置"

根据《实施方案》要求，自治区内全部排污单位主要污染物初始排污权均应逐步有偿获得。《实施方案》中指出主要污染物初始排污权的分配原则是："新建、改建、扩建项目需新增主要污染物排放指标额通过有偿购买取得。现有排污单位和已获得环境影响评价审批文件但未正式运行的排污单位，其排污量经环境保护行政主管部门核准，缴纳排污权有偿使用费后，获得主要污染物排污权和控制内排污量。已领取排污许可制的排污单位，待排污许可证到期换证时，有偿获得主要污染物排污权和控制内的排污量"。

自 2011 年试点开始至 2015 年，内蒙古自治区并未公布明确的初始排污权核定相关办法和技术准则，仅在《管理办法》中对各种排污单位缴纳排污权有偿使用费的量进行了核定相关规定，即对于现有排污单位，其缴纳排污权有偿使用费的量以其排污权许可证允许的排污总量为基准，按照主要污染物排放总量控制要求，由内蒙古自治区环境保护行政主管部门核定；对已通过环境影响评价审批但未正式投产的排污单位，其缴纳排污权有偿使用费的量以环境影响评价审批确认的排污量为基准，在项目竣工环保验收前，经自治区环境保护行政主管部门核定；对于建设单位新建、改建、扩建项目（以下简称"新建项目"）需新增主要污染物排放指标的，其缴纳排污权有偿使用费的量在其环境影响评价文件报审前，由内蒙古自治区环境保护行政主管部门核定总量后确认。

2015 年《内蒙古自治区环境保护厅关于开展主要污染物初始排污权核定工作的通知》（内环办〔2015〕242 号）（以下简称"242 号文"）和《内蒙古自治区环境保护厅关于印发〈内蒙古自治区 2015 年主要污染物排污权核定技术方案〉的通知》（内环办〔2015〕248 号）（以下简称"248 号文"）公布了主要污染物初始排污权核定的相关规定。242 号文提出，在全区开展排污单位初始排污权核定工作，核定范围为现有排污单位，即初始排污权核定和分配时符合国家和自治区产业政策并已投入生产的排污单位。核定工作计划于 2015 年 12 月 15 日之前结束，原则上每五年核定一次，与主要污染物排放总量控制五年规划相衔接，并确定年度允许排放主要污染物的量。排污权以排污许可证形式予以确认。"248 号文"公布了现有排污单位主要污染物初始排污权核定的技术方案：其适用主要污染物范围包含国家和自治区作为约束性指标进行总量控制的污染物，已经各盟市根据管理需要选择的区域排放符合明显较大的污染物。现有排污单位的初始排污权采用排放绩效、排污系数或标准定额等方法予以核定，结果大于环境影响评价批复总量指标的，按环境影响评价文件确定。新建项目的初始排污权根据环境影响评价文件核定。现有排污单位初始排污权核定之和不得超过区域可分配排污总量（即以自治区现有主要污染物排放总量控制指标为依据，扣除移动源、分散式生活源、非规模化畜禽养殖农业源排放量排污权后的配额），若存在超出的情况应根据区域总量减排、环境质量改善需求、行业重点削减等方式重新核定排污权。

2.4.2　国内外现有定价模型

我国一些学者分别从成本和收益的角度，采用数学或经济学等方法制定出了恢复成本法、影子价格法、边际机会成本法及李金昌模型等定价方法。

（1）恢复成本法。

恢复成本法是由毕军、周国梅等提出的，是指将已受损的环境质量恢复到原有状态所花费的成本费用作为该环境资源的最低价值（基价）的方法。具体计算公式如下：

$$P_{ij} = P_{jd} \cdot W_{ij} \cdot \lambda_i$$

式中，P_{ij}——i 地区 j 行业初始权价格；

P_{jd}——j 行业污染物平均处理成本；

W_{ij}——i 地区 j 行业调整系数；

λ_i——i 地区调整系数。

该方法隐含了两个基本假设：一是假设恢复后的环境状况能够完全代替原有环境

的各项功能；二是假设恢复已受损环境所花费的成本费用与原有环境的效益价值完全相等。从恢复成本法所隐含的两个假设条件来看，该方法是存在一定缺陷的，但对于不具备市场表现形式的环境容量资源来讲，该方法具备一定的合理性，能够从治污成本的角度反映出环境容量资源的部分价值，而且尤其是对于我国现阶段的科学技术、社会经济等发展水平来看，恢复成本法具备较强的数据可获得性和实际可操作性，在一定程度上可以作为计算初始排污权价格的参考方法。

（2）影子价格法。

影子价格法是基于排污权收益的一种初始排污权定价方法，即在其他条件不变的情况下，每增加一单位排污权所带来的收益的增加值。排污权的影子价格一般可以采用线性规划法进行计算得出，其计算过程需要大量的资源和经济数据，计算过程较为复杂，且得出的这个价格是指环境容量资源在最优配置情形下的一个静态价格，并不能表现出当前的动态市场交易价格，这样的影子价格法依旧欠缺一定的实际可操作性。

（3）边际机会成本法。

边际机会成本法是一种综合运用了边际概念和机会成本概念的定价方法，由此制订出的价格是指将一单位得到排污权指标用于某一生产活动时，所放弃的用于其他生产活动时所能产生的最大收益，因此，也可以说，边际机会成本法也是一种基于排污权收益的一种初始排污权定价方法。

边际机会成本法制订出的初始排污权价格应由三部分组成，分别为边际生产成本，边际使用者成本和边际外部成本，计算公式如下所示：

$$P = MOC + MUC + MEC$$

式中，P——初始排污权价格；

MOC——初始排污权的边际机会成本；

MUC——边际使用者成本；

MEC——边际外部成本。

（4）李金昌模型。

我国学者李金昌先生在综合效用论、劳动价值论和地租论的基础上，建立了独具特色的定价模型。该模型的基本内容是：自然资源的价值 P 包括两个部分：一是自然资源本身的价值，即未经人类劳动参与的天然产生的那部分价值 P_1；二是基于人类劳动所产生的价值 P_2，即 $P = P_1 + P_2$。根据地租论，设 R_0 为基本地租或租金；a 为代表自然资源丰度和开采利用条件即地区差别、品种差别和质量差别的等级系数，则该自然资源的地租或租金 $R = aR_0$；1 为平均利息率，则该自然资源本身的价值 $P_1 = aR_0/1$；P_2 可以根据生产价格理论来确定。该模型符合完全的生产价格应该等于成本加利润再加地租的原则，尤其是从资源租金角度把自然资源本身的价值考虑进去，使自然资源本身的价值有所体现。但考虑其定价方法前后所依据的经济学理论互相矛盾，如劳动价值论和效用价值论等，可能影响该模型的内在统一性和严谨性。

2.4.3　排污权定价方法选取原则

以上每种方法均具有自身的特点，因此需要根据以下几点原则选取适用于内蒙古自治区的排污权定价模型。

2.4.3.1　与污染治理成本挂钩

排污权有偿使用收费标准应充分考虑污染治理成本及合理盈利。有偿使用收费标准高于污染治理成本，才能激励企业主动治理污染，但是收费标准过高又会过度增加企业运行成本，影响其污染治理的投入能力。排污权有偿使用收费标准低于污染治理成本，难以体现环境资源稀缺属性，失去对企业治污减排的激励作用、对节能降耗的导向作用、对低污无污企业的公允作用，达不到促进污染减排、改善环境质量的目的。因此，有偿使用收费标准应充分与污染治理的成本挂钩，高低适宜，且有合理的盈利空间。

2.4.3.2　与自治区经济技术水平相适应

排污权有偿使用收费标准除考虑环境资源的稀缺性外，还应考虑地区经济技术水平和企业的经济承受能力。制定与地区经济技术水平相适应的有偿使用收费标准，才能确保排污权有偿使用和交易制度的顺利实施。

2.4.3.3　与污染物总量控制目标相匹配

排污权有偿使用收费是实现污染物总量控制目标的一种环境经济政策，因此，应根据内蒙古自治区污染物总量控制目标所确定的重点控制区域、重点控制污染因子，制定有偿使用收费标准。

2.4.3.4　借鉴与创新相结合

排污权交易是一项新生事物，其有偿使用收费标准可充分借鉴和参考外省的定价区间，同时也应结合内蒙古自治区经济技术水平，切合实际地提出内蒙古自治区收费标准，以利于推进排污权有偿使用与交易工作。

2.4.4　内蒙古自治区排污权成本确定

在此基础上，我们结合恢复成本法、影子价格法、边际机会成本法、李金昌模型等模型的优点，综合计算内蒙古地区排污权成本。为确定内蒙古自治区主要污染物排污权交易基准价，对自治区东部、中部、西部典型排污企业的废水、废气中主要污染物治理成本进行调查和核算，其中废水污染物为 COD、NH_3-N，废气污染物为 SO_2，"十二五"总量控制四项污染物中的 NO_x 因内蒙古自治区没有实际治理实例没有统计。对比分析了外省市收费标准。

2.4.4.1　实际运行的企业治理成本调查结果

（1）COD 治理成本范围：1 182～3 898 元/t。

（2）NH_3-N 治理成本范围：18 188～46 000 元/t。

（3）SO_2 治理成本范围：2 124～2 370 元/t。

2.4.4.2 与内蒙古自治区排污费征收标准比较

内蒙古自治区排污费征收标准中 COD 与 NH_3-N 污染当量值分别为 1 和 0.8，收费标准分别为 700 元和 875 元；SO_2 和 NO_x 污染当量值均为 0.95，收费标准分别为 1 260 元和 630 元。但考虑不同指标的初始浓度、治理削减量、稀缺程度和"十二五"治理侧重点要求，废水中 COD 削减量一般是 NH_3-N 削减量的 3~10 倍，所以建议有偿使用费标准 NH_3-N 是 COD 的 3 倍，相关数据见表 2-6~表 2-13。

表 2-6 内蒙古自治区某制药厂废水治理成本核算

内容	费用/(万元/d)	备注
药剂	1.38	日处理水量 3 000 t
动力费	1.1	
人工费	0.16	
折旧费	0.61	
化验及维修费用	0.5	
合计	3.75	每吨水处理费：12.5 元
COD 治理费	2 841 元/t	入口：4 500 mg/L；出口：1 000 mg/L
NH_3-N 治理费	35 714 元/t	入口：350 mg/L；出口：25 mg/L

表 2-7 内蒙古自治区某制药集团废水治理成本核算

内容	费用/(万元/月)	备注
药剂等原材料	30	月处理水量 120 000 t
动力费	85	
人工费	22	
折旧费	76	
化验及维修费用	38	
合计	251	每吨水处理费：20.92 元
COD 治理费	1 182 元/t	入口：18 000 mg/L；出口：300 mg/L
NH_3-N 治理费	18 188 元/t	入口：1 200 mg/L；出口：50 mg/L

表 2-8 内蒙古自治区某酒业公司废水治理成本核算

内容	费用/(元/t 废水)	备注
药剂	5.0	日处理水量 1 500 t
动力费	0.6	
人工费	0.5	
折旧费	4.4	
化验及维修费用	1.0	
合计	11.5	每吨水处理费：11.5 元
COD 治理费	3 898 元/t	入口：3 000 mg/L；出口：50 mg/L
NH_3-N 治理费	46 000 元/t	入口：600 mg/L；出口：10 mg/L

表2-9 内蒙古自治区某电厂年脱硫成本核算

序号	成本项目	单位	金额	备注
1	折旧费	万元	1 783.88	脱硫投资:两台脱硫设施投资36 781万元。折旧20年,残值3%
2	脱硫运行	万元	218.00	脱硫运行委托费
3	脱硫设备检修维护	万元	249.92	脱硫设备检修维护委托费
4	脱硫设备配件材料费	万元	527.47	年脱硫设备配件及材料费:机务450万元;电气15万元;热工62.468万元
5	烟气在线维护	万元	22.25	烟气在线维护委托费
6	脱硫用石灰石	万元	1 134.91	年耗石灰石6.49万t,含税174.87元/t
7	贷款利息	万元	1 345.00	
8	年耗厂用电费用	万元	3 136.58	年耗厂用电量10 455.26万kW·h,0.30元/kW·h
9	年耗工业水费用	万元	389.50	耗工业水97.35 t,4.00元/t
10	脱硫石膏处置费	万元	90.00	石膏运输、场地覆盖碾压等管理费用
11	费用合计	万元	8 897.50	全年上网电量633 186.9 kW·h;每千瓦时成本0.212 95元
12	SO_2削减量	吨	37 528.66	2010年原燃煤593.1万t;年平均硫分0.52%;年综合脱硫效率92.1%
13	SO_2治理成本	元/t	2 370.86	每削减1 t SO_2需2 370.86元费用

表2-10 内蒙古自治区某热电厂A脱硫成本核算

成本项目	单位	金额	备注
折旧费	万元	1 700	脱硫投资:2亿元。折旧12年
人工费	万元	400	
石灰石	万元	1 088	6.8万t,含税160元/t
修理费	万元	600	
分摊财务费用	万元	900	
厂用电	万元	1 592	1.60%
合计	万元	6 280	全年上网电量:281 277.6万kW·h;每千瓦时成本0.018 898元
SO_2削减量	t	29 126.4	2010年燃煤185万t,硫分1.2,综合脱硫效率82%。185×1.2×1.6×82%
SO_2治理成本	元/t	2 156	

表 2 – 11　内蒙古自治区某热电厂 B 脱硫成本核算

成本项目	单位	金额	备注
折旧费	万元	1 690.1	脱硫投资：1.8 亿元。折旧 12 年，残值 5%
人工费	万元	387.585	30 人，工资 8.1 万元，养老 20%，住房 12%，医疗 6%，工伤 2%，失业 2%，福利 14%，会费 2%，教育 1.5%
石灰石	万元	1 369.912	8.6 万 t，含税 180 元/t
修理费	万元	277.532 2	
分摊财务费用	万元	1 051.378	
厂用电	万元	836.333 3	1.30%
合计	万元	5 612.84	全年上网电量：297 000 万 kW·h；每千瓦时成本 0.018 898 元；
SO_2 排放量	t	26 424.8	2010 年燃煤 145 万 t，硫分 1.34，综合脱硫效率 85%。145 × 1.34% × 1 600 × 85%
SO_2 治理成本	元/t	2 124	

表 2 – 12　内蒙古自治区排污费征收标准及排污染物排放标准

污染物名称	征收标准/（元/t）	污染当量值/kg	火电厂大气污染物排放标准	城镇污水处理厂污染物排放标准
化学需氧量	700	1		50 mg/L
氨氮	875	0.8		5 mg/L
二氧化硫	1 260	0.95	100 mg/m³	
氮氧化物	630	0.95	100 mg/m³	

表 2 – 13　电力行业和城镇污水处理厂缴纳有偿使用费预测情况表

	污染物排放浓度/（mg/m³）（mg/L）	排放量/（t/a）	有偿使用费基准/（元/t/a）	企业交纳有偿使用费/（万元/a）
电力装机规模（2×600 MW）	二氧化硫：100	3 000	2 500	750
	氮氧化物：100	3 000	2 500	750
				7 500 万元/5 年
城镇污水处理厂规模（日处理 5 万 t）	化学需氧量：100	1 800	3 000	540
	氨氮：20	180	9 000	162
				3 510 万元/5 年

3.4.4.3 与其他省份收费标准的对比分析

目前国内主要有浙江、江苏、湖北和重庆等省（市）开展排污权交易试点，其排污权有偿使用收费标准（详情见表2-14）如下：化学需氧量为2 000~5 000元/(t·a)，平均值为3 753元/(t·a)，重污染行业最高达8 000元/(t·a)；二氧化硫为1 000~5 000元/(t·a)，平均值为2 566元/(t·a)，重点区域最高达到5 000元/(t·a)；外省暂未对氨氮和氮氧化物排污权实施有偿使用与交易。

为充分考虑内蒙古自治区"十二五"经济社会发展速度和企业经济承受力，建议自治区化学需氧量和二氧化硫排污权有偿使用收费标准略低于湖北、江苏、浙江和重庆4省（市）的收费标准均值。其他省份暂未开展氨氮和氮氧化物的排污权交易。自治区将同时开展四项污染物排污权交易，有利于推动"十二五"新增两项污染物水中氨氮和气中氮氧化物的减排和总量控制指标的完成，是自治区排污权交易试点工作特色之一。

表2-14 部分省市化学需氧量和二氧化硫排污权有偿使用费一览表

污染物	化学需氧量（COD）		二氧化硫（SO$_2$）	
省市名称	有偿使用费	适用范围	有偿使用费	适用范围
湖北省	2 000元/(t·a)	全省	1 600元/(t·a)	全省
江苏省	4 500元/(t·a)	太湖流域化工、钢铁、食品、造纸、印染等直排重污染行业	3 350元/(t·a)	南京、苏州、无锡、常州等市
	2 600元/(t·a)	太湖流域其他行业	2 240元/(t·a)	电力行业
	3 550元/(t·a)	平均值	2 795元/(t·a)	平均值
浙江省 嘉兴市	4 000元/(t·a)	重度污染企业	1 000元/(t·a)	全市
	3 000元/(t·a)	中度污染企业		
	2 500元/(t·a)	符合产业政策企业		
	3 170元/(t·a)	平均值		
浙江省 杭州市	8 000元/(t·a)	化工、制药等重污染行业	2 000元/(t·a)	全市
	6 000元/(t·a)	纺织、印染等污染行业		
	4 000元/(t·a)	造纸、酿造、发酵等行业		
	2 000元/(t·a)	其他行业		
	5 000元/(t·a)	平均值		
宁波市	3 800元/(t·a)	全市	5 000元/(t·a)	全市
重庆市	5 000元/(t·a)	全市	3 000元/(t·a)	全市

2.5 交易收入转移支付体系

转移支付体系已经在生态补偿制度中有过多年的成功运用，由于目前各省排污权交易体系均不十分完善，达不到市场化的要求，再此前提下，财政的转移支付制度成为排污权交易资金实现或发挥生态环境保护支持作用的重要手段之一。中共中央、国务院《关于全面加强生态环境保护　坚决打好污染防治攻坚战的意见》中明确指出："增加中央财政对国家重点生态功能区、生态保护红线区域等生态功能重要地区的转移支付……完善助力绿色产业发展的价格、财税、投资等政策。大力发展绿色信贷、绿色债券等金融产品。"

目前进行试点创新的排污权交易制度，作为一项有效的环境经济制度，完全可以进行部分拓展后为生态补偿提供有效的资金来源。作为排污权交易试点中的唯一西部省份、重要生态功能区省份，内蒙古自治区创新开展排污权交易体系下的生态补偿制度具有一定的先天优势。同排污权交易制度一样，生态补偿制度来源于庇古的环境经济理论，强调的是通过收费和税收的方式减少边际私人收益与边际社会收益、边际私人成本与边际社会成本之间的背离，从而使环境服务的外部性得到内部化。因此"谁受益谁补偿"的原则贯穿于排污权交易制度和生态补偿制度始终。通过多年的试点实践，排污权交易制度完全可以作为生态补偿基金的重要来源。通过差异化的排污权交易制度，可以有效地扩大生态补偿资金的筹集能力。破解生态补偿的资金短板。通过设立完善的生态补偿引导制度，以补偿资金引导农牧民调整、转换生产方式，通过经营生态产品，获取稳定的收入，实现生态环境的可持续发展。

2012年始，自治区财政下拨环保专项资金4 000万元，直接补贴给排污企业用于治污工程，补贴资金以"以奖代补"或"以奖促治"的形式下发，企业多以1:1~1:4的比例配套资金，排污权有偿出让的资金已转移支付的形式撬动至少上亿级别的环保投资，在支持自治区环保产业的发展和激励排污单位的治污积极性等方面形成合力。

3

内蒙古自治区排污权核定、分配体系

3.1 排污权核定的意义

从中国目前的经济增长形式与环境状况来看，要使排污权交易能够发挥其优越性，使我国在经济发展的同时环境得到改善，就必须积极探索符合经济与环境可持续发展的、科学、合理的排污权分配方法。排污权的初始分配可以分为两级：一级为"省到市"的分配，二级为"市到企业"的分配。其中，排污权从"省到市"的分配方案通常是根据上级政府制定的污染物总量控制，以及污染物所需减排量进行逐级下放，将污染物总量控制指标分解到各区域，并且各区域的总量不得突破控制上限。随着污染减排工作的不断加强、污染减排形势的日益复杂化，初始排污权分配方法存在的缺陷不断暴露出来，影响了排污权交易政策的执行效果，成为影响全国各地实施的障碍。

首先，从实践中已有的区域初始排污权分配方法上看，目前的初始排污权一级分配方法难以体现区域差异。由于国家一个时期对经济的发展要求不同，各个地区也有着各自的地区发展优势产业，存在着得天独厚的自然资源，因此从全国范围来讲，各地区的经济发展和环境容量存在着明显的差异性。而目前的区域层面的初始排污权分配方法考虑的因素过于单一，多以地区经济总量分配模式、等比例削减法为主，未考虑环境质量与经济发展水平之间的关系，各地区经济与环境的差异考虑的不全面，不是建立在差异性公平基础上进行的分配。因此，各地区的排污权分配应该充分考虑国家政策对该地区的发展要求，全面考虑经济与环境的状况，各区域存在的差异性。根据区域排污现状，经济发展水平，污染理能力、未来发展目标等因素，进行综合分析，来确定区域间的排污权分配。

其次，我国在实践中对初始排污权一级分配的重视程度不够，只重视了排污权的交易中从"市到企业"排污权分配的问题。区域间的初始排污权分配也要注重公平性，公平分配是首要问题，只有首先在区域之间的一级分配中保证了分配的公平性，才能确保政策的平稳落地。

最后，排污权核定是有效实施污染物排放总量管理制度和排污权交易环境经济政策的关键，已成为排污权初始分配和排污权交易工作的重点和难点，是保障排污权交易一级市场和二级市场可靠运作的重要环节。

排污权核定根据排污企业处于排污权有偿使用和交易的不同阶段可分为实际排放量、许可排放量和排污权交易量。

（1）实际排放量。实际排放量的核算是掌握排污单位污染物实际排放情况，摸清区域污染物排放基数，确定区域阶段性总量控制目标的基础，是排污单位取得排污权初始配额、进入排污权二级市场进行排污权交易的前提，也是环保行政主管部门落实对排污企业的监督管理、实施总量执法的依据，是排污权核定工作的重点和难点。

（2）许可排放量。许可排放量通常指初始许可排放量，即在确定区域总量控制目标的基础上，将总量控制目标或扣除排污权储备量之后的可分配总量指标，分解落实到排污单位排污许可证上的污染物许可排放总量，即排污权的初始配额，又称"初始分配量"，是建立排污权一级市场的基础。在实施排污权交易后，环境保护行政主管部门根据排污单位出让或购买排污权交易量确定其最终许可排放量。

（3）排污权交易量。排污权交易量指排污单位许可排污量与实际排放量的差值，排污权交易量的核定是推动建立排污权交易二级市场的关键。通常由企业向环保行政主管部门提出出让或受让排污权指标交易申请，由环保行政主管部门进行初审，委托第三方对排污权交易量进行核定，由环保行政主管部门复核公示后置于排污权交易平台进行公开交易。

3.2　现有常见排污权核定体系

我国目前存在多种控制污染排放政策，同时相应有多套污染物排放量核算方法，如环境影响评价、环境统计、污染源普查、排污申报、污染减排等，鉴于各项环境管理制度的核算要求不同，监测主体和核算方法不尽相同。

污染物排放量核算是当前环境管理工作的核心和难点，由于各项环境管理政策在各个体系中表现得比较独立和分散，不同环境管理制度对核算目的要求不一致，所采用的排污核算方式、技术方法、统计口径、核算主体有所不同，造成主要污染源排放量核算结果存在差异。不同的核算结果也容易引发排污企业对环保管理制度的疑虑，削弱政府管理部门的公信力和执行力，不利于环保管理各项制度的深入实施。从实际情况来看，排污核算体系存在排污统计口径混乱、核算方法体系缺乏、数据质量没有保证、有效核查手段缺乏等问题，无法做到排放数据的"有依据、可核查"，导致排污问题核算结果与真实情况存在较大差距，排污核算主体不明确、排污核算结果不可靠已成为影响环境保护行政管理效率的主要问题。

（1）排污核查核算工作量大面广

以浙江省为例，据不完全统计全省现有各类企业达 80 万家，列入污染源普查名单的排污企业约 10 万家，其中约 1.5 万家规模以上企业列入环境统计名录，总体上以化工、印染、造纸、纺织、食品、电力、水泥、电镀等重污染行业企业占比较大，其中大部分行业企业的共性特点是：生产工艺流程相对复杂，产排污情况复杂多变，排污核查核算难度较大。

（2）缺乏统一的排污核算方法体系

现有污染源排污核算缺乏科学、统一的方法体系，存在多种核算方法、标准、范围、程序、内容，排污核算口径混乱，核算过程又受到多种因素的影响和制约，同一排污企业存在多个不同甚至相互矛盾的排污数据，形成了同一环保部门拥有监测、监察、统计、减排等多套污染源信息库，各套数据之间存在交叉、重复、矛盾等现象，既分散了环保部门有限的人力、物力资源，最终又造成污染物排放数据可信度低、可靠性不强。

（3）监测能力不能满足环境管理需要

尽管自"十五"以来，各地投入大量的人力、物力加强了污染源监测能力建设，但仍不能满足排污核算等环境管理工作的需要，主要表现为：污染源自动在线监测设施覆盖率低，一些在线监测设施故障率较高，监测结果波动较大，造成监测结果可信度受质疑；手工监测能力不匹配，一些地方监测人员数量和能力、监测分析设施和装备、实验室硬件和环境尚不能满足标准化建设要求，难以满足污染源监督性监测的需要。

（4）排污核算责任主体不明确

目前，承担排污核算工作的部门有环境监测部门、环境监察部门、环评单位及排污单位等，由于没有明确界定排污企业、中介机构和环保部门等的核算责任主体，尚未建立排污核算机制，专业技术人员缺乏，核算结果的准确性难以保证。对于企业在排污申报中弄虚作假、"三同时"验收不规范项目环评偏离客观实际等行为的处罚力度不够，导致各主体消极对待排污核算工作。

基于上述我国污染物排放量核定的现状及存在的问题，本研究主要针对内蒙古自治区区域内的特征污染物（氟化物和 VOCs）和典型行业（规模化畜禽养殖行业）污染物的排污权核定技术进行研究，通过分析不同行业污染物的来源和产排污机理，确定特征污染物和典型行业污染物的最佳核定方法，并对核定的相关参数进行优化。

因此亟须开发一套科学的核算方法用于统一的排污权核定。

3.2.1 排污权核定办法

常用的排污权核算方法主要是排放绩效法、经验系数法、排放标准 + 单位产品基准排水量（废气量）法、监测数据法、经验值法等方法，由于环保部门的工作需要，在各种工作中需要用到不同的计算方法。具体核算情况见表 3 – 1。

表 3-1 我国现行污染源排污量核算情况汇总表

制度名称	核算主体	核算方法	作用	主要特点
项目环评	有资质的中介机构	排放标准 + 单位产品基准排水量（废气量）法、物料衡算法、绩效法	反映拟建项目允许排污水平	①适用于新建、扩建、改建项目审批；②核算结果为预测值，通过综合比较分析获得
"三同时"验收	环境监测部门	监测数据法	反映项目建成后在额定工况下的排污水平	①适用于新建、扩建、改建项目竣工环保验收；②核算结果往往反映最佳运行状况下的排污水平，不能代表污染源长期的实际排污情况
排污申报	排污单位	监测数据法，兼顾物料衡算法和经验值法	反映排污单位在某时段的实际排污情况	①针对排污单位，覆盖面广；②主要是企业自报，全面监督性的核查不足，核算结果可靠性较差
环境统计	环保部门	以绩效法为主，兼顾监测数据法和物料衡算法	反映重点排污单位在某时段的实际排污情况	①针对重点排污单位，覆盖面不够广；②核算结果公开，但受多种因素影响，还不能真实反映实际排污情况
污染减排	环保部门	排放标准 + 单位产品基准排水量（废气量）法、监测数据法、物料衡算法、经验值法	反映重点排污单位和区域在某时段的实际排污情况	①核算方法规范、人员素质较高，核定结果较为可靠；②主要针对重点排污单位或减排项目，核算结果影响因素较多，部分区域难以反映真实排放量
污染源普查	环保部门为主，相关部门配合	以类比法为主，兼顾监测数据法和物料衡算法	反映所有排污单位在 2007 年、2009 年、2010 年的实际排污情况	①针对所有污染源，覆盖面广，技术力量强，核算结果相对可靠；②工作量大、耗时长、成本高，某些污染源排污系数制定不合理

以下对各类方法进行分类说明。

3.2.1.1 排放绩效法

排放绩效法是以生产单位产品所排放的污染物为基准，核算排污单位的排放量。1997 年，该法首先在美国的电力行业中应用，之后也多用于核算火电厂 SO_2 的允许排放量。以火电行业为例，排放绩效法是在综合考虑电厂的发展情况、技术进步、能源结构改善等因素的基础上，确定单位发电量所排放的污染物量，即"排放绩效标准（Emission Performance Standard，EPS），"通常以 g/kW·h 或 lb/kW·h 形式表示，习惯上也称为发电绩效标准。再根据发电量来分配排污权指标，计算公式为：

$$M_i = CAP_i \times 5\,500 \times GPS_i \times 10^{-3}$$

式中，M_i——第 i 台机组的主要大气污染物总量指标，t；

CAP_i——第 i 台机组的装机容量，MW：

GPS_i——第 i 台机组允许的排放绩效值，新建机组 0.35g/kW·h，现有机组 0.7g/kW·h。

热电联产机组的供热部分折算成发电量参与总量指标核定，用等效发电量 D 表示。计算公式为：

$$D_i = H_i \times 0.278 \times 0.3$$

式中，D_i——第 i 台机组供热量折算的等效发电量，kW·h；

H_i——第 i 台机组设计供热量，MJ。

绩效法主要是根据大量的实例经验系数推算而来，理论依据基础为"发电发热量同燃煤量呈线性关系，而在一般情况下，燃煤量同污染物排放量成正比"。

3.2.1.2 经验系数法

经验系数法主要源于美国，美国环保局（EPA）推荐并使用的大气污染物总量计算方法即为经验系数法，以二氧化硫为例（氮氧化物计算方法参照二氧化硫），从 1995 年开始，装机容量大于 25 MW 热电厂的二氧化硫排放总量计算系数为 2.5lb/mmbtu（mmbtu = million British Thermal Units 代表百万英制热单位，百万英制热单位，1lb 约为 0.453 6kg，1 mmBtu 约为 1 054 MJ），而到 2000 年，此系数修正为 1.2lb/mmBtu，发电量单位需根据不同电厂中锅炉的不同热效率修正为热量单位。

经过实际计算验证，对于某现有装机容量为 30MW 的电厂，采取绩效法计算的二氧化硫排放总量为 132t，而采用经验系数法进行计算，二氧化硫排放总量为 766.12t（锅炉热效率采用 40%）。多个计算实例证明我国需采用适合我国交易制度的新经验值，经验值可能在 89mg/MJ 左右，但需要大量的科研工作进行验证后方可使用。

3.2.1.3 排放标准 + 单位产品基准排水量（废气量）法

排放标准 + 单位产品基准排水量（废气量）法是指利用国家、地方标准中规定了主要污染物排放浓度标准、单位产品（规模）废水或废气排放限值的，采用排放标准结合单位产品基准排水量（废气量）的方法进行初始排污权的核算。

3.2.1.4 监测数据法

内蒙古自治区境内的燃煤电厂一般都是区域重点污染企业，始终都是各级环保部门监管的重点。在环评阶段已经有一套成熟的流程对完成燃煤电厂环保措施的规范；在运行阶段完成环境自动监测系统的设计与安装的基础上，还要对燃煤电厂的环境实施例行的监督性监测，并核算相应的环境统计数据。因此，针对燃煤电厂的污染物排放总量核算有一定的监测数据基础和理论基础。使用不同的统计或监测数据可以计算不同的污染物排放总量。目前,"使用现行污染物排放标准作为初始核定中的浓度基准值"已在地方及国家等多个层面达成共识。因此只需确定最大负荷下的烟气量即可确定污染物的排放总量。

在不同试点地区,有学者或管理机构选用不同的数据用于初始排污权的核算。部分地区直接选用环评中批复的烟气量数据,部分地区选用验收监测中的实测数据进行核算。虽然选取数据的来源各不相同,但每种数据来源的口径都具有一定的可引效力。由于目前环保部门未能对所有数据的可引效力进行明确的排序,因此,有专家或学者提出将所有数据的算术平均值或概率平均值作为初始核定的基准值。

3.2.1.5 经验值法

在实际中可能会遇到上述方法都不能使用情况,人们只能用经验公式来计算,如窑炉燃料用天然气作为燃料时燃烧产生的废气量,可用公式 $Q_{废气} = Q_{燃气用量} \times 12$,在确认废气量后用排放标准量,即排污权因子排放量 = 废气量 × 排放标准。

3.2.1.6 物料衡算法

根据物料中的元素含量进行经验折算最终计算污染物的排放量。

3.2.2 方法优缺点分析

在日常工作中,通过对各种方法的使用及对比,可以发现各种方法的优缺点及适用性。以下主要针对各种方法各自的优缺点进行说明:

(1)绩效法的优势在于计算简单,便于掌握与使用,且在长期的使用过程中获得现有大多数煤电企业业主的认可。缺点在于绩效法本身采用的系数体现的是我国发电企业的平均水平而忽略了电力企业的个体间的差异。由于设备落后或老化等原因对于早期建成的一些电力企业会造成一定的减排压力。

(2)经验系数法的优点在于它是使用热量单位进行计算,对于不同企业的不同情况,可选用不同的热效率值进行换算,可以满足不同企业的现实情况,并且对于热电企业的总量核算更为合理,针对热量单位的经验系数可以直接移植到其他供热或供汽设施的总量进行计算。同时,经验系数法也具有绩效法相同的优势,计算过程简单及便于掌握与使用,但是经验系数法本身对经验系数的要求比较高,需要经过大量的科学研究及现场调研确定系数的值。

(3)实测值法的优点在于直接反映了污染源的实际情况,此方法可移植用于除燃煤电厂企业外的其他任何污染源。实测值法能反映企业的实际情况,但是需要处理大量数据,实际运用过程中,企业的多口径统计或监测数据各不相同,有时缺乏一致性,需取舍后使用,因此如何在大量数据中筛选出可用数据,是实测法目前面临的最重大的阻碍;平均值可能解决数值选用的难题,但是本身需要进行大量计算,计算过程可能会较复杂。不利于掌握及使用,可能在一定程度上增加了行政管理成本和时间,见表3-2。

表 3 – 2 某 30 MW 燃煤发电机组不同计算方法下计算结果比较

企业类型	计算方法	计算结果/(t/a)	备注
某 30 MW 燃煤电厂	绩效法	132	年运行 5 500 h
	经验系数法（1.2lb/mmbtu）	766.12	热效率 40%
	经验系数法（90 mg/MJ）	133.65	热效率 40%
	环评数据	125.73	设计煤种
	验收数据	169.12	折算为满负荷

3.3 原有排污权初始核定体系的构建

内蒙古自治区根据 2010 年财政部、环境保护部印发的《财政部、环境保护部关于同意内蒙古自治区开展主要污染物排污权有偿使用和交易试点的复函》（财建函〔2010〕80 号）（以下简称《复函》）、2011 年《内蒙古自治区人民政府办公厅关于印发内蒙古自治区主要污染物排污权有偿使用和交易试点实施方案的通知》（内政办发〔2011〕19 号）（以下简称《实施方案》）和 2011 年《内蒙古自治区人民政府关于印发内蒙古自治区主要污染物排污权有偿使用和交易管理办法（试行）的通知》（内政发〔2011〕56 号）（以下简称《管理办法》），等文件开展主要污染物排污权有偿使用和交易试点工作。文件要求："以环境容量和污染物排放总量控制为前提，以建立充分反映环境资源稀缺程度和经济价值的排污权有偿使用制度为核心，以改善环境质量、促进污染物总量减排和提高环境资源配置效率为目标，通过改变主要污染物排放指标分配办法和排污权使用方式，建立健全排污权有偿使用交易市场，逐步完善排污权有偿取得及交易制度。推进形成既符合市场经济原则，又充分反映污染防治形势的环境保护长效机制，实现环境资源的优化配置"。

根据《实施方案》要求，内蒙古自治区内全部排污单位主要污染物初始排污权均应逐步有偿获得。《实施方案》中指出主要污染物初始排污权的分配原则是："新建、改建、扩建项目需新增主要污染物排放指标额通过有偿购买取得。现有排污单位和已获得环境影响评价审批文件但未正式运行的排污单位，其排污量经环境保护行政主管部门核准，缴纳排污权有偿使用费后，获得主要污染物排污权和控制内排污量。已领取排污许可制的排污单位，待排污许可证到期换证时，有偿获得主要污染物排污权和控制内的排污量"。

在 2011 年试点开始至 2015 年期间，内蒙古自治区并未公布明确的初始排污权核定相关办法和技术准则，仅在《管理办法》中对各种排污单位缴纳排污权有偿使用费的量进行了核定相关规定，即对于现有排污单位，其缴纳排污权有偿使用费的量以及排污权许可证允许的排污总量为基准，按照主要污染物排放总量控制要求，由内蒙古自治区环境保护行政主管部门核定；对于已通过环境影响评价审批但未正式投产的排污单位，其缴纳排污权有偿使用费的量以环境影响评价审批确认的排污量为基准，在项目竣工环保验收前，经内蒙古自治区环境保护行政主管部门核定；对于建设单位新建、改建、扩建项目需新增主要污染物排放指标的，其缴纳排污权有偿使用费的量在其环境影响评价文件报审前，由内蒙古自治区环境保护行政主管部门核定总量后确认。

2015年1—3月，中心储备科收集国内外排污权初始核定的各类资料、经验，以各地排污权计算方法的研究为基础，形成5种主要污染物总量计算方法，结合科内讨论及两次中心全体会议讨论成果，并通过征求环保厅评估中心、环科院及总量处十数人次相关领域专家、学者的意见，最终基本确定以策导向为主的标准值法及技术依据为主绩效法为主要核算方法。最大标准值法主要依据为《关于征求〈排污许可证管理暂行办法〉（征求意见稿）意见的函》（环办函〔2014〕1541号）中对初始排污权核定的政策需求，绩效法的主要依据为《建设项目主要污染物排放总量指标审核及管理暂行办法》（环发〔2014〕197号）中绩效法的技术要求。9月18日，内蒙古自治区环保厅总量处下发《内蒙古自治区关于开展主要污染物初始排污权核定工作的通知》。9月22日，组织召开内蒙古自治区主要污染物初始排污权核定培训班，学习并讨论了环保部《主要污染物排污权核定及管理暂行办法（送审稿）》，讨论修改了《内蒙古自治区主要污染物排污权核定实施方案》，并对下一阶段的初始排污权核定工作进行了详细的分解落实。

9月25日，以环保厅公告的形式发布了《内蒙古自治区环境保护厅关于开展主要污染物初始排污权核定的公告》。通过《内蒙古自治区环境保护厅关于开展主要污染物初始排污权核定工作的通知》（内环办〔2015〕242号）（以下简称"242号文"）和《内蒙古自治区环境保护厅关于印发〈内蒙古自治区2015年主要污染物排污权核定技术方案〉的通知》（内环办〔2015〕248号）（以下简称"248号文"）公布了主要污染物初始排污权核定的相关规定。242号文提出，在全区开展排污单位初始排污权核定工作，核定范围为现有排污单位，即初始排污权核定和分配时符合国家和内蒙古自治区产业政策并已投入生产的排污单位。核定工作计划于2015年12月15日之前结束，原则上每五年核定一次，与主要污染物排放总量控制五年规划相衔接，并确定年度允许排放主要污染物的量。排污权以排污许可证形式予以确认。248号文公布了现有排污单位主要污染物初始排污权核定的技术方案：其适用主要污染物范围包含国家和内蒙古自治区作为约束性指标进行总量控制的污染物，各盟市根据管理需要选择的区域排放符合明显较大的污染物。现有排污单位的初始排污权采用排放绩效、排污系数或标准定额等方法予以核定，结果大于环境影响评价批复总量指标的，按环境影响评价文件确定。新建项目的初始排污权根据环境影响评价文件核定。现有排污单位初始排污权核定之和不得超过区域可分配排污总量（即以内蒙古自治区现有主要污染物排放总量控制指标为依据，扣除移动源、分散式生活源、非规模化畜禽养殖农业源排放量排污权后的配额），如若存在超出的情况应根据区域总量减排、环境质量改善需求、行业重点削减等方式重新核定排污权，初始排污权核定见表3－3。

表 3 – 3 内蒙古自治区初始排污权核定表

行业	企业个数	初始排污权核定排放量/(t/a)			
		SO$_2$	NO$_x$	COD	NH$_3$ – N
热电联产	38	82 488.89	71 107.24	0.00	0.00
自备	10	21 637.31	27 650.00	4 535.28	379.50
集中供热锅炉	885	74 150.54	83 771.45	9.05	3.49
水泥、平板玻璃	59	11 689.60	62 195.81	4.62	1.22
钢铁	38	20 835.83	29 188.75	20.79	2.58
焦化	33	7 881.29	25 463.47	19.92	1.99
有色金属冶炼	65	27 263.38	8 278.13	102.72	48.10
造纸行业	7	1 044.28	786.68	249.83	58.94
畜禽养殖	130	47.38	39.85	1188.81	299.90
污水处理厂	164	91.36	124.17	76 980.06	12 229.27
其他绩效行业	672	16 471.22	24 049.34	7 842.27	2 413.45
其他行业	2 336	80 164.82	85 963.73	14 955.67	2 071.01
火电	100	277 220.10	198 332.92		
中区直	29	49 083.40	49 554.65	1 181.57	264.01
总计	4 552	670 069.41	666 506.19	107 090.60	17 773.46

（1）本次初始核定共核定排污单位 4 552 家，核定排污权指标涉及 SO$_2$ 约 67.01 万 t，NO$_x$ 约 66.65 万 t，COD 约 10.71 万 t，NH$_3$ – N 约 1.78 万 t。

（2）将核定结果按照所在盟市进行分类统计，结果显示，排污权指标主要集中在呼包鄂地区，乌海及周边地区，赤峰及巴彦淖尔市。将核定结果按照行业进行分类统计，发现火电、热电联产及集中供热的企业的大气污染物，占了全部初始排污权指标的 60% 以上。排污权指标集中在某一地区或某些行业的现象较为明显。

（3）部分地区尚未完成辖区内全部排污单位的初始核定工作，且有部分未批先建企业尚未纳入本次初始核定范围内。

（4）经过对部分核算企业进行抽样调查，内蒙古自治区负责核定的中、区直企业及火电企业的核算结果，基本可以满足相关企业的生产需求见表 3 – 4。

综上所述，在内蒙古自治区的四项污染物初始排污权核定量中，污水处理厂占据了化学需氧量、氨氮两项指标初始排污权核定值的 78% 以上，是水污染物有偿使用的重点行业。但目前为止，针对污水处理厂开展有偿使用和排污权交易在业界尚有争议，成为水污染物排污权交易工作开展的阻碍。在大气污染物方面，热电联产、自备电厂和集中供热锅炉占据近一半的二氧化硫、氮氧化物初始排污权，其次则为水泥、平板玻璃、钢铁等重点行业，同时还是总量控制政策重点管控并进行指标控制的重点行业。可见内蒙古自治区初始排污权的核定，基本是以污染减排要求为标杆，以排污许可重点行业管控思路开展的。

表3-4 2015年中直区直企业初始

编号	单位名称	环评批复总量/(t/a)					绩效(标准、定额)法核算/(t/a)					核定排污权/(t/a)				
		SO_2	NO_x	COD	NH_3-N	烟尘	SO_2	NO_x	COD	NH_3-N	烟尘	SO_2	NO_x	COD	NH_3-N	烟尘
1	中国××××（集团）高科技股份有限公司	9.51	111.25	—	—	—	2 865.1	2 011.7	0	0	0	9.51	111.25	0	0	0
2	中国××××股份有限公司	53.82	229.58	—	—	—	540	518.4	0	0	0	53.82	229.58	0	0	0
3	神华集团×××矿业有限责任公司	71	23.4	—	—	15.8	42	42	0	0	10.5	42	23.4	0	0	10.5
4	乌海市×××煤化有限责任公司	14.4	0	—	—	—	12.6	12.6	0	0	3.15	12.6	12.6	0	0	3.15
5	乌海市×××煤炭加工有限责任公司	48.82	0	—	—	6.8	25.2	25.2	0	0	6.3	25.2	25.2	0	0	6.3
6	神华集团××××矿业有限责任公司	115.56	59.42	—	—	35.77	63	63	0	0	15.75	63	59.42	0	0	15.75
7	神华××××能源有限责任公司××××分公司甲醇厂	207.84	336	—	—	33.92	360	360	0	0	0	207.84	336	0	0	33.92
8	内蒙古乌海市××××神华焦油厂	28.4	62.2	—	—	17.6	0	0	0	0	—	28.4	62.2	0	0	17.6
9	神华乌海能源有限公司××焦化厂	462.68	409.91	34.4	5.73	1 921.1	1 382.4	2 361.6	0	0	0	462.68	409.91	34.4	5.73	1 921.1

续表

编号	单位名称	环评批复总量/(t/a)					绩效(标准、定额)法核算/(t/a)					核定排污权/(t/a)				
		SO₂	NOₓ	COD	NH₃-N	烟尘	SO₂	NOₓ	COD	NH₃-N	烟尘	SO₂	NOₓ	COD	NH₃-N	烟尘
10	长庆×××采气厂	—	—	—	—	—	0	34.735	0	0	0	0	34.735	0	0	0
11	长庆×××采气厂	—	—	—	—	—	0	461.58	0	0	0	0	461.578	0	0	0
12	中国石油天然气股份有限公司×××采气厂	929.38	277.88	250	—	—	3491.5	287.6	0	0	0	929.38	277.88	0	0	0
13	内蒙古××××工业集团有限公司	—	—	—	—	—	—	—	—	—	0	80	200	100	10.14	0
14	中核××××股份有限公司	—	—	9.279	1.546 7	—	—	—	—	—	—	0	0	2.506	0.418	0
15	中核××××元件有限公司	—	—	—	—	—	—	—	—	—	—	0.73	47.96	45	7.5	0
16	内蒙古×××机械集团有限公司	—	—	—	—	—	—	—	—	—	—	4.43	46.02	5	50	0
17	神华包头能源×××一矿	184.8	25	—	—	—	336.96	336.96	0	0	0	184.8	25	0	0	0
18	神华××××集运有限公司	—	—	—	—	—	12.6	12.6	0	0	0	12.6	12.6	0	0	0
19	大唐××××化肥有限公司	305.64	—	154.6	—	—	1 248	1 248	144	45	0	305.64	1 248	144	45	0
20	包钢××××有限责任公司	262	338.5	—	—	—	600	900	0	0	0	262	338.5	0	0	0
21	大唐××××煤化工有限责任公司	4 973	2 298	—	—	—	2 578.2	1 289.1	0	0	0	2 578.17	1 289.08	0	0	0

续表

编号	单位名称	环评批复总量/(t/a)					绩效(标准、定额)法核算/(t/a)					核定排污权/(t/a)				
		SO_2	NO_x	COD	NH_3-N	烟尘	SO_2	NO_x	COD	NH_3-N	烟尘	SO_2	NO_x	COD	NH_3-N	烟尘
22	中国石油渤海钻探工程有限公司×××分公司	—	4.21	—	—	—	0.308	4.649	0	0	0	0	4.209	0	0	0
23	鄂尔多斯市××××资源有限责任公司	77.32	—	—	—	—	105	105	0	0	0	77.32	105	0	0	0
24	中国石油集团川庆钻探工程有限公司××××经理部	—	—	—	—	—	0	19.523	0	0	0	0	19.523	0	0	0
25	中国神华煤制油化工有限公司××××分公司	3 861	—	—	—	—	2 149.6	1 684.6	0	0	0	2 149.6	1 684.6	0	0	0
26	中国神华能源股份有限公司××××露天煤矿	93.14	—	—	—	—	149.4	149.4	0	0	0	93.14	149.4	0	0	0
27	神华准格尔能源有限责任公司×××露天煤矿	146.72	138.77	—	—	—	226.8	226.8	0	0	0	146.72	138.77	0	0	0
28	神华××××能源有限责任公司焦化一厂	131	—	—	—	—	140	720	0	0	0	131	720	0	0	0
29	××××(集团)有限责任公司	25 972	2 170.7	368.26	96.98	—	15 908	39 969	482.4	48.24	—	41 222.8	41 482.2	850.66	145.22	0

3.4 富余排污权核定体系的探索

3.4.1 体系设立的必要性分析

建立排污权有偿使用和交易制度，是我国环境资源领域一项重大的、基础性的机制创新和制度改革，是生态文明制度建设的重要内容。排污权交易制度的根本是对排污权进行准确的核定。排污权是指排污单位经核定、允许其排放污染物的种类和数量。富余排污权是指排污单位通过淘汰落后和过剩产能、清洁生产、污染治理、技术改造升级等减少污染物排放，形成的事实减排量，也称为"富余排污权"。

2014 年，国务院办公厅发布《关于进一步推进排污权有偿使用和交易试点工作的指导意见》（国办发〔2014〕38 号，以下简称《指导意见》），明确"富余排污权"要参加市场交易；2015 年，环境保护部明确提出下一步排污权交易工作的要求中包括：严格核定"富余排污权"；2017 年，《国务院办公厅发布关于印发控制污染物排放许可制实施方案的通知》（国办发〔2016〕81 号，以下简称《实施方案》）正式发布，进一步明确"依证监管是排污许可制实施的关键，重点检查许可事项和管理要求的落实情况，通过执法监测、核查台账等手段，核实排放数据和报告的真实性，判定是否达标排放，核定排放量。"

内蒙古自治区排污权交易管理中心要求根据《指导意见》精神与全国排污权交易工作会议要求，结合《实施方案》的具体意见提出要修订完善富余排污权核定及富余排污权收储制度。为此，按照内蒙古自治区排污权管理办法和实施细则的要求，遵循浓度控制与总量控制相结合的原则，需要通过信息化手段建设排污权核定的管理平台，实现排污权的统一、有效的管理，为主管部门实现规范管理、确保程序透明、提升管理效率提供重要工具和手段。

目前国内针对火电企业污染物实际排放量的核算技术方法研究主要围绕在线监控系统提供的数据开展，且主要对于安装在线设备且运行维护良好的排污企业适用。在在线监测设备尚未完全成熟的阶段，难免会造成部分数据的缺失，另外，单纯依靠在线监控设备进行排放量的计量难以形成有借鉴意义的经验，推广至其他行业，因此亟待开发一套有效的核算体系对实际排放量进行核准，要求技术合理，操作可行，方便快捷，误差可控。

结合国内外已有的做法，结合 8 个火电及自备电厂企业的 15 台机组进行了对比核算，并将核算结果进行了统计分析及误差分析，对多种核算方法的优劣进行了有针对性的分析，以期给出更加合理有效的核算方法，对富余排污权的核定工作提供可靠的技术保障。

3.4.2 不同核算方法介绍

由于目前《火电厂大气污染物排放标准》（GB 13223—2011）是针对不同机组进行

分类管理，且由于新修订标准已接近现有环保技术的处理极限，因此本标准核算方法中的污染物排放浓度取值直接依据机组应执行的标准值上限取值（见表3-5）。对于在线监测设备能够稳定运行的火电企业，污染物排放浓度值可直接选取实际排放的浓度值计算。

表3-5 火力发电锅炉及燃气机组大气污染物排放浓度限值

序号	燃料和热能设施类型	污染物项目	适用条件	限值	污染物排放监控位置
1	燃煤锅炉	烟尘	全部	30	
		二氧化硫	新建锅炉	100 / 200（1）	
		氮氧化物（以 NO_2 计）	现有锅炉	200 / 400（1）	
		汞及其化合物	全部	100 / 200（2）	
2	以油为燃料的锅炉或燃气轮机组、氮氧化物	烟尘	全部	30	烟囱或烟道
		二氧化硫	新建锅炉及燃气轮机组	100	
			现有锅炉及燃气轮机组	200	
		氮氧化物（以 NO_2 计）	新建燃油锅炉	100	
			现有燃油锅炉	200	
			燃气轮机组	120	
3	以气体为燃料的锅炉或燃气轮机组	烟尘	天然气锅炉及燃气轮机组	5	
			其他气体燃料锅炉及燃气轮机组	10	
		二氧化硫	天然气锅炉及燃气轮机组	35	
			其他气体燃料锅炉及燃气轮机组	100	
		氮氧化物（以 NO_2 计）	天然气锅炉	100	
			其他气体燃料锅炉	200	
			天然气燃气轮机组	50	
			其他气体燃料燃气轮机组	120	
4	燃煤锅炉，油、气体为燃料锅炉或燃气轮机组	烟气黑度（林格曼黑度，级）	全部	1	烟囱排放口

注：①位于广西壮族自治区、重庆市、四川省和贵州省的火力发电锅炉执行该限值。

②采用W型火焰炉膛的火力发电锅炉，现有循环流化床火力发电锅炉，以及2003年12月31日前建成投产或通过建设项目环境影响报告书审批的火力发电锅炉执行该限值。

2014 年 9 月 12 日，国家发改委、环境保护部、能源局联合发文"关于印发《煤电节能减排升级与改造行动计划（2014—2020 年）》的通知"中要求，稳步推进东部地区现役 30 万 kW 及以上公用燃煤发电机组和有条件的 30 万 kW 以下公用燃煤发电机组实施大气污染物排放浓度基本达到燃气轮机组排放限值的环保改造。燃煤发电机组大气污染物排放浓度基本达到燃气轮机组排放限值（即在基准氧含量 6% 条件下，烟尘、二氧化硫、氮氧化物排放浓度分别不高于 10 mg/m³、35 mg/m³、50 mg/m³。因此，针对承诺执行超低排放的火电机组，直接依据超低排放的标准取值（见表 3-6）。

表 3-6　大气污染物特别排放限值　　　　　　　　　单位：mg/m³

燃料和热能转化设施类型	污染物项目	适用条件	限值	排放监控位置
燃煤锅炉	烟尘	全部	10	烟囱或烟道
	二氧化硫	全部	35	
	氮氧化物	全部	50	
	汞及其化合物	全部	—	

因此，目前主要的技术难题集中于如何核算燃煤锅炉的烟气量，锅炉的烟气量同燃料组成、热值、燃烧条件等一系列问题相关，条件极不稳定。因此，在实际工作中，对烟气量的校核带来了很大的不确定性。目前针对燃煤锅炉烟气量的监测方法也非常不成熟，烟气在烟道内多呈紊流状态，难以测量真实流速。

然而，目前在热能及动力工程领域针对锅炉烟气量的核算方法已经日渐成熟，经过数十年的技术累计及修订，核算值同真实值之间的误差已逐渐缩小。锅炉领域烟气核算的方法可以借鉴到环境工程领域。

3.4.2.1　锅炉手册计算方法

在锅炉有关的设计计算中，林宗虎等编写的《实用锅炉手册（第二版）》（化学工业出版社出版）中的所引用的相关技术方法获得业内的一致认可，因此主要引用该手册中的锅炉烟气计算方法。

其中锅炉大气污染物总量计算过程如下：根据以下公式计算理论烟气量、烟气含水量、湿烟气量、干烟气量：

理论烟气量：
$$V_0 = 0.088\,9\,(C_{ar} + 0.375S_{ar}) + 0.265H_{ar} - 0.033\,30_{ar}$$

水蒸气：
$$V_{H_2O} = B_g\,[0.111\,6H_{ar} + 0.012\,4M_{ar} + 0.016\,1\,(\alpha-1)\,V_0]/3.6$$

湿烟气量：
$$V_S = B_g\left(1 - \frac{q_4}{100}\right)\left[\frac{Q_{net,ar}}{4\,026} + 0.77 + 1.016\,1\,(\alpha-1)\,V_0\right]/3.6$$

干烟气量：

$$V_g = V_S - V_{H_2O}$$

式中，B_g——单台锅炉燃煤量，t/h；

α——除尘器出口过剩空气系数；

α_{fh}——烟气中飞灰占燃料灰分的份额。

通过燃料相关参数可以算出理论烟气量的数据。其中式中所需燃料相关参数需火电企业提供燃料检测数据或通过审批三年内的环评报告书中的燃料参数取值。

通过现场调研可知，由于燃煤机组所在火电企业或其他生产企业的用煤量均较大，大型燃煤电厂均已开展入厂煤和入炉煤煤质检测，因此多有完备的入厂煤质检测记录或环保台账，相关数据较易获得。

3.4.2.2 污普手册计算方法

本方法主要根据 2011 年第一次全国污染源普查时发布的《工业污染源产排污系数手册》（2010 修订）中火力发电行业的相关系数进行计算，手册根据不同的机组规模及不同的燃料类型进行系数取值，因此，需要调查获取相关机组的机组规模，燃料类型，燃料用量，有无烟气处理设施等基本信息，然后根据企业的燃料类型及机组规模进行烟气量的计算。

对于可取得具体煤质数据，且燃煤为无烟煤的单位，具体的计算公式为：

$$V_g = B_g \times G \times T \times 1\,000$$

式中，B_g——为单台锅炉燃煤量，t/h；

G——为本机组对应的手册中烟煤对应的烟气折算系数；

T——为机组对应的实际发电小时数；

对于燃煤为非无烟煤或者不可获知具体煤质的火电单位，可按下面公式进行计算：

$$D_g = D_G\,(Q_{net,g}/Q_{net,G})$$
$$V_g = D_g \times G \times T \times 1\,000$$

式中，D_g——折算标煤后的设计燃煤量，t/h；

D_G——其他煤种的燃煤量或环评报告中设计煤种的设计燃煤量，t/h；

$Q_{net,g}$——标煤热值；

$Q_{net,G}$——其他煤种或环评设计煤种的低位发热热值；

T——机组对应的实际发电小时数；

3.4.2.3 绩效法

绩效法所采用的污染物排放绩效值是根据《关于印发〈建设项目主要污染物排放总量指标审核及管理暂行办法〉的通知》（环发〔2014〕197 号）中绩效法的有关数据推算得出，相关污染物排放绩效值如表 3-7、表 3-8 所示，其中现有锅炉、现有循环流化床锅炉和 W 型火焰炉的界定同《火电厂大气污染物排放标准》（GB 13223—2011）最新执行标准中的界定方法一致。

表 3-7 火电机组二氧化硫排污权核定绩效值表

地　区	适用条件	绩效值/(g/kW·h)
重点地区	全部	0.175
其他地区	新建锅炉	0.35
	现有锅炉	0.7

表 3-8 火电机组氮氧化物排污权核定绩效值表

地　区	适用条件	锅炉/机组类型	绩效值/(g/kW·h)
重点地区	全部	全部	0.35
其他地区	全部	W 型火焰锅炉 现有循环流化床锅炉	0.7
		其他锅炉	0.35

因此本书提出初始核定的绩效法，提出计算实际排放量的绩效法，根据实际的发电量及供热情况计算污染物的实际排放量。根据以下公式进行计算。

$$M_0 = (E_0 + D_i) \times GPS \times 10^{-3}$$

式中，M_0——核算的实际大气污染物排放量，t；

E_0——电厂当年的实际发电量，kW·h；

GPS——绩效值。

对于热电机组或自备机组，发热量

$$D_i = H_i \times 0.278 \times 0.3$$

式中，D_i——第 i 台机组供热量折算的等效发电量，kW·h；

H_i——第 i 台机组的设计供热能力，MJ。

目前绩效法是国内外环保部门普遍采用的一种核算方法，主要以其方便快捷的特点深受管理者欢迎。

3.4.2.4　在线监控法

在线监控数据以年底经过可靠性验证的数据作为参考，但是，由于目前在线监控系统的技术尚未完全成熟，仅有污染物的浓度值结果较为准确，在线监控的烟气量及污染物排放总量仅可作为参考值。

3.4.3　案例分析

本次案例计算主要选择内蒙古自治区东、中、西部的典型火力发电机组进行计算，并对计算结果进行比对。其中选取原则为：锅炉方面涵盖煤粉炉及循环流化床两种典型炉型；燃料方面涵盖褐煤、烟煤、无烟煤三种煤种；安装在线监控设备，且年发电量接近 5 500 h 的设计生产，以方便对结果进行比对。

3.4.3.1 甲燃煤电厂三期机组

甲燃煤电厂位于内蒙古自治区东部某市，本次核算机组为本电厂的三期工程，装机容量 600 MW，机组对应锅炉为 2 080 t/h 煤粉炉，年消耗 2 404 000t/a 褐煤，燃煤均为当地生产，经检测燃煤平均低位发热值 13.09 MJ/kg，年发电小时数 5 200 h，燃煤煤质直接采用环评报告中的煤质指标，根据上述方法进行计算，计算结果见表 3-9。

3.4.3.2 乙厂自备燃煤机组

乙厂位于内蒙古自治区中部城市，本次核算机组为本厂自备机组，机组装机规模为 12 MW，其对应锅炉为 200 t/h 循环流化床锅炉，年消耗 165 920 t 烟煤，燃煤平均低位发热值为 18.00 MJ/kg，年发电小时数 5 000 h，燃煤煤质直接采用环评报告中的煤质指标根据上述方法进行计算，计算结果见表 3-9。

3.4.3.3 丙电厂 2×300 MW 机组

丙电厂位于内蒙古自治区西部城市某工业园区，为园区自备电厂，本次核算机组为本厂 2×300 MW 机组，其对应锅炉为 2×1 065 t/h 煤粉炉，所用燃煤为优质无烟煤，年消耗 1 113 600 t 燃煤，燃煤平均低位发热值为 18.00 MJ/kg，年发电小时数 5 500 h，燃煤煤质指标缺失。根据上述方法进行计算，计算结果见表 3-9。

表 3-9　算例企业案例 SO_2 排放量计算结果分析　　单位：t/a

机组	甲电厂三期机组	乙厂自备机组	丙电厂机组
手册计算	2 601.2	356.80	2 792.4
污普计算	2 179.7	312.44	2 163.3
绩效计算	2 310.0	330.09	2 310.0
在线监控	2 076.0	198.42	2 339.5

3.4.3.4 结果分析

由于本次计算方法中除绩效法外均为通过烟气量计算总量的方法，浓度统一选取标准浓度的上限值，因此仅需对 SO_2 的计算结果进行比对。

计算结果经过同企业工程师进行沟通比对，同环保专家咨询可知：

（1）仅以最后算取的污染物实际排放量来看，污普手册计算方法的数值最小，但是在计算 2 000 t/h 左右规模的超大锅炉的污染物排放量时候，绩效法采用的绩效值较宽松，反而污普手册计算方法得到的数值较为接近实际排放量；在计算 1 000 t/h 左右大锅炉烟气排放量的时候，绩效法较为接近实际情况，污普手册计算方法计算的数值较小，锅炉手册计算的数值偏大；在计算中等规模发电机组燃煤锅炉（300 t/h）烟气量的时候，锅炉手册的计算值较为接近真实排放量。

（2）在以褐煤为主要燃料的电厂中，实际烟气量较大，略大于锅炉手册计算得到的烟气量，远大于以燃煤热值折算的标煤对应的烟气量，在以绩效法或污普手册法进行计算时应引入适当的系数，增加烟气量的计算结果，使数值更加接近实际值。

（3）工程师普遍反映锅炉手册计算得到的烟气量数据较为符合事实烟气量，但由于目前末端治理设施的增多,最终产生的烟气量同锅炉燃烧产生的并不完全相同。另外,烟气中污染物的实际排放浓度普遍维持在标准的80%~90%,因此在计算中使用锅炉手册较为真实的烟气量和标准的上限值会使计算结果偏大。另外,对于小锅炉和燃料为褐煤的情况,三种计算方法计算的烟气量均明显偏小。

(4)在线监控的数值通常小于企业的实际排放量,部分企业的在线系统运维良好,数值较为准确,目前在线监控系统的污染物浓度数据较为准确,仅烟气量数据较难采信。

3.4.4 方法建议

3.4.4.1 方法修订

根据对算例结果进行比对,锅炉手册计算方法计算得到的烟气量比较符合实际;虽然污普手册计算方法和绩效法计算得到的烟气量偏小,由于浓度值直接采用了标准上限值,因此最终核算的总量接近实际排放的总量。另外,由于锅炉手册的计算方法需要参数较多,为精细化管理的水平提出了更高的要求。

因此我们根据研究的结果给出以下建议:

(1)建议在目前的条件下继续采用绩效法进行核算,绩效法的绩效值需要根据锅炉规模进行修订,超大型锅炉的绩效值应适当减小,大型锅炉的绩效值维持不变,中型及以下锅炉的绩效值适当增加,以减少误差。并且对于以褐煤为主要燃料的地区增加褐煤的折算附加值,见表3-10。

表3-10　火电机组实际烟气量核定绩效值表　　单位: $m^3/(kW \cdot h)$

地区	适用条件	绩效值		
		>2 000 t	1 000~2 000 t	<1 000 t
所有地区	所有锅炉	3.5	3.75	4

(2)建议建设富余排污权核算系统,将锅炉手册计算方法与污普手册计算方法的系数及公式整合进核算系统,企业可通过填写相关燃煤系数直接输出核算结果,并且将企业在线监测的浓度值直接接入系统,使用每天的锅炉运行小时数和污染物的日平均浓度计算实际排放量。以锅炉手册计算方法的结果为基准,引入绩效法计算结果与污普手册计算方法的计算结果进行比对,计算误差率及可信度,从而增加计算方法的可信度。核算方法及核算过程见图3-1。

根据以下公式进行计算。

$$A_i = (E_i + D_i) \times GPS \times 10^{-9}$$

式中, A_i ——机组核算的实际烟气排放量,亿 m^3;

E_i ——机组当年的实际发电量,$kW \cdot h$;

D_i ——第 i 台机组供热量折算的等效发电量,$kW \cdot h$,计算结果如2.3节所示;

GPS——烟气绩效值。

对于热电机组或自备机组,发热量

建议的核算方法及核算过程如图3-1所示。

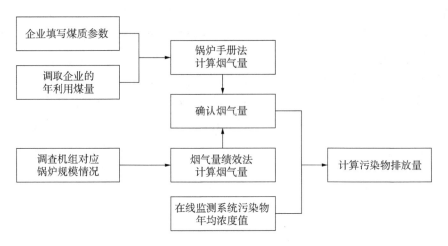

图 3 - 1　内蒙古自治区火电企业实际排放量核定计算流程图

3.4.4.2　结果对比

在针对绩效法进行修订后，根据修订后的烟气绩效系数对三个算例企业的实际烟气排放量进行了适用性计算，计算结果见表 3 - 11。

表 3 - 11　算例企业实际烟气排放量计算结果分析　　　　　单位：亿 m³/a

机组	甲电厂三期机组	乙厂自备机组	丙电厂机组
锅炉手册计算	130.06	17.84	139.62
污普手册计算	108.99	15.62	106.82
总量绩效法	115.5	16.50	115.50
烟气绩效法	115.5	18.86	123.75

经过对比计算可以看出：经过改进后的烟气绩效法计算的烟气量更加贴近锅炉手册的计算结果，对于中小型锅炉来说，使用烟气绩效法计算得到的年排放烟气量更为公平。

火电企业富余排污权量的计算：根据现有的初始排污权核定方法及本次提出的烟气绩效法连用，可以计算火电企业的富余排污权量。计算结果分析见表 3 - 12。计算公式如下：

$$M_0 = \sum_1^n (M_i - A_i \times C_i \times 10^{-1})$$

式中，M_0——电厂核算的实际大气污染物排放量，t；

M_i——机组绩效法初始核算的污染物排放量，t；

A_i——机组核算的实际大气污染物排放量，亿 m³；

C_i——机组在线监控系统前一年大气污染物排放浓度均值，mg/m³；

i——电厂的机组编号。

表 3-12 算例企业二氧化硫富余排污权计算结果分析　　　　单位：t/a

机组	甲电厂三期机组	乙厂自备机组	丙电厂机组
初始核定量	577.5	330.09	2 310
烟气绩效法计算烟气量	115.5	18.86	123.75
在线监控年均浓度	48	93	98
富余量	23.1	154.692	1 178.1

由于甲电厂已完成超低改造，因此二氧化硫浓度控制在 50 mg/m^3 以内，自备机组与丙电厂可以执行 200 mg/m^3 的排放标准，但是目前已按照 100 mg/m^3 的标准进行管理。因此核算的实际量远小于实际排放量的计算量。

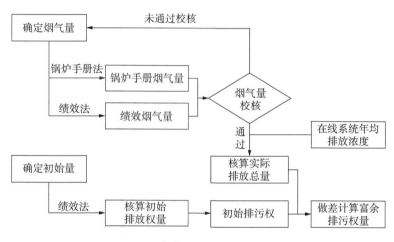

图 3-2 富余排污权核算工作流程

3.5 排污权分配体系

3.5.1 指标分配原则

构建以企业社会责任为内涵的初始分配机制的首要问题是确立适宜的分配指标体系。由前文已知，若初始分配指标与企业污染产生或削减等决策相关，则会对企业决策形成扭曲性激励。因此，为了实现社会最优的激励效果，分配指标的选取要满足独立性原则，即所选指标应与企业污染产生或削减等决策相互独立。显然，满足该原则的可行指标有很多，有的甚至超出了政策规划者尤其是环保部门的兴趣或关注范围。因而，基于分配公平与效率的权衡，除独立性原则外，合理有效地分配指标筛选与指标体系构建还应满足以下原则：

（1）灵活性原则：实施排污权交易的首要目的是有效地控制污染目标，故所选指标应便于政策实施者有效观测或取得。灵活性的另一要求是指标体系应能成为体现特定时期区域内核心利益述求的载体，并随区域社会经济发展而不断动态更新。这样既可使指标体系具有针对性与动态灵活性，同时利益相关者参与外部性问题解决的积极性也得以提高，降低政策运行成本。

（2）补偿性原则：合理的指标选取应当重视对企业社会责任行为的回报。它既是对企业负外部性行为的纠正，如生产安全与产品质量责任履行情况、就业人口与福利待遇等，也是对企业正外部性行为的奖励，如慈善事业捐赠、公共设施投入、清洁能源技术或材料应用及技术创新等。其中，企业法定责任应作为基本准则加强其惩戒性，在此基础上重视对超越法律的企业行为给予补偿。

（3）机会平等原则：与概念相对模糊、衡量标准各异的结果公平相比，充分考虑平等主体、客体两方面因素的机会平等与现实社会更为接近。在市场经济条件下，社会更倾向于要求实质意义上的机会平等。因此，所选指标应该每个企业都能产生，并依据其付出努力的意愿与力度来得到相应回报。当企业能感知到是被公平对待时，政策克服障碍并获得成功的概率将大幅增加。

（4）可接受性原则：基于企业社会责任履行力度进行初始分配，政府可在有效实现环境目标的前提下促进其他社会外部性问题的解决。但政府绝不能对企业过分苛求，更不能假以"社会责任"之名大行转嫁政府职责之实。建议依据企业社会责任行为的相对绩效进行分配，能够产生更好的社会可接受性。特别是，当员工、公众等利益群体的核心诉求充分体现在分配标准中时，更易于他们与政府、企业形成关系稳定、利益协调的社会共同体，合力促进区域经济社会协调发展。

3.5.2 初始排污权分配体系

排污权初始分配模式主要有无偿授予和有偿分配两大模式。

（1）无偿授予模式。

无偿授予初始排污权是一种传统的行政配置方式，即政府环保部门经过审查，结合区域环境容量、国家产业政策、行业排放强度及企业规模等因素，按照一定的标准和程序对符合条件的排污申请人无偿地授予某种污染物的排放指标，相对人获得许可证之后只要不超过浓度标准就可随意排放污染物。在不增加排污企业负担的前提下为企业增加了一笔资产，故容易被接受并且易于推广。同时由于许多排污企业事业单位也为社会福利做出了一定贡献，所以免费赋予其排污权也具有一定的合理性。排污权初始分配的实质，是对环境容量资源这种特殊商品的社会配置，因而无偿取得排污权就意味着无偿取得了财富，造成排污权争夺滥用的现象。长期来看，免费分配在总体上还会降低企业的生产能力，并在一定程度上妨碍公平竞争。同时使公众使用自己环境资源份额的机会被侵占，相反还要支付高额费用才能得到本应拥有的清洁、优美的环境，显然这种做法背离了环境资源的公共性。

（2）有偿分配模式。

有偿分配模式与免费发放不同，有偿分配模式是在总量控制的基础上，将市场机制引入排污权的初始分配，进行竞争性设计。正是排污权的特许物权属性，决定了其初始分配不能像普通市场的商品流通，因此政府就在其与相对人之间模拟一个市场，采用拍卖、定价出售等公平竞争的方式把许可证授予相对人。排污企业必须缴纳一定的资金之后才能从政府那里获得企业发展所需的排放污染物的权利，排污指标的价格也会因污染物的种类等不同而有所区别。有偿使用方式很好地体现了排污权的产权价值，是对排污权市场价格扭曲的纠正。同时它还能有效地提升企业治污的积极性，防止部分企业滥用排污权；而国家在此过程中也将环境污染造成的损失内部化，为环保事业提供资金支持，这就在客观上拓宽了环保融资的渠道。因而有偿分配方式在效率和公平方面以及环境保护和市场交易中有更大的优势，实践中主要有定价出售和拍卖两种形式。

3.5.3 减排指标分配体系

3.5.3.1 等比例分配法

等比例分配法是最简单易行的分配方案，即以现状排污量为基础，按相同的比例确定各污染源的削减量指标。例如，如果为了达到环境标准，污染物总的排放量必须减少25%，那么就要求每个污染源都将其排污量减少25%。这个等比例规则似乎具有令人着迷的公平特征，但是这个公平只是表面的，因为各污染源的性质具有很大不同。这些污染源的不同特征和技术条件意味着某污染源或许通过转用低污染的原料，或者稍稍改变其工艺技术、治污设备，即可将其排污量降低25%，但另一污染源则可能被迫通过安装昂贵的设备或花费大笔资金去改进治污设备才能达到目标。因此，等比例削减可能意味着财政负担的不公平。

根据环境经济学原理，边际成本曲线是凹形的，在不同技术条件下，削减相同比例的污染量，或在不同的削减基础上（如某一污染源原已削减50%，另一污染源原已削减70%）再进行同比例削减的花费是不同的，这种差别往往是相当明显的。这种明显的边际削减费用差别使某一污染源可以以较小的费用来达到目标而另一污染源却不得不以高昂的代价来满足目标。两者之和与其他方案相比可能大得惊人，即社会总成本相当高，违反了经济效益性原则。但此法往往为污染源与环境管理部门所推崇，原因在于表面的公平与分配的简单易行。

3.5.3.2 加权分配方案

加权分配方案是指根据总量控制指标值和现状排污总量确定污染物削减总量，再按各污染源在现状排污总量中所占的比重分摊削减量。这个方案体现了"多污者，多削减"的思想，类似于等比例分配方案。该方案似乎体现出了表面的公平性，可以发现，可能绝大部分的削减责任会落到某一两家污染源身上，而使这一两家污染源不堪重负，甚至影响其生产经营，以至于拖垮该企业。

该方案治理排污的经济效益评述类似于等比例分配方案。显然，由于绝大部分的削减责任可能会落到某一两家污染源身上，而使得对该地区污染源的监督管理变得简单易行，从而减少了开支。

3.5.3.3 根据污染源的经济承受能力来分摊指标

这种方案是基于福利经济学原理而提出的，福利好的企业应承担更多的社会责任。该方案根据污染源的经营财政状况的比例来分配排污削减量，即要求财政状况良好的污染源承担大比例的排污削减量，这在福利、责任方面是公平的。该方案便于削减量的分配，因为环保部门只要了解企业的性质和从工商部门索取有关资料即可。

然而，仔细观察之后就会发现，根据支付能力来分摊削减量也有严重的缺陷。首先，它会惩罚那些成功的、经营好的企业，而奖励那些应对自己糟糕的财政状况负责的落后企业，在这个意义上这种方法恰恰给企业发出了一系列的错误信号，并且延缓了以新的、效率更好的企业取代经营失败的企业的进程。其次，污染源的排放量与其财政状况之间不会有密切的联系。

这种方案可能在经济不发达国家有一定的市场，是出于保护原有的落后工业的目的。对该方案的改进是引入财政补贴，作为补偿。

3.5.3.4　以社会总成本最小化为条件来确定各污染源的削减量

很明显，该方案首先在总的治理费用方面是相当诱人的，因此一直为经济学家们所推崇。但必须意识到，要使总治理费用最小化，就必须对各污染源的边际削减费用有一个清楚的了解，但这个调查过程往往是困难而且带有很大不确定性的。困难在于边际成本因各污染源的原料、生产工艺、生产效率、治污设备效率等因素而差别很大，使数据的获得费事、费时和费钱。这个过程的费用开支是不能忽视的，但在有先例的情况下，可以参照其他地区的数据，使这部分开支大为减少。还可以采取污染源自报的方式，但这必须基于诚实、准确的基础上，但企业往往不乐意提供这些数据（商业秘密），或者采取虚报的手段，给环境保护部门的决策带来很大的不确定性，从而降低该方案的经济效益。

还有一点相当重要的是，可能由于各污染源边际削减费用的巨大差异，根据此方案计算出来的结果导致绝大部分的削减负担放在某一两家污染源身上，在极端情况下，可能由其承担全部的责任，这显然对该污染源是相当不公平的，而其他污染源则逃避了削减排污的责任。目前的解决方法是由政府财政补贴或采用其他污染源的经济补偿。

可以预见，正是由于这种削减责任的倾斜，使得环境保护部门只需对少数的污染源进行监督管理即可显得简单、易行且可靠，这在节约监督管理费用开支方面是可喜的，因此该方案的经济效率往往取决于边际削减费用调查的开支和监督管理费用节约的可比性。同时，由于仅有的几家污染源的治污设备很先进，治理效率相当且稳定，因此降低了意外环境事故的发生率。

3.6　排污权优化配置探索

3.6.1　内蒙古自治区实施成效

按照"企业作为出让方进行排污权交易并获取交易金额的交易方式"定义排污权交易，内蒙古自治区实际上仅开展了三笔排污权交易，对二氧化硫和氮氧化物指标进行了交易探索。

在内蒙古自治区顶层设计过程中，考虑了开展排污权交易的需求，对交易规则、交易流程均进行了设计，并发文予以确认。内蒙古自治区 2013 年发布的《内蒙古自治区主要污染物排污权交易管理规则》（164 号文），设计了排污权交易的具体方式，明确规定了各利益相关方的职责、交易平台的建设与要求，并单独发文件对电子竞价设计了具体程序与要求。交易流程方面，内蒙古自治区引入了交易中心，设计依托交易中心开展竞价、拍卖、签订合同、价款交割等相关工作。总体来说，虽然内蒙古自治区未开展实际意义上的排污权交易，但支撑排污权交易工作开展的交易规则、交易流程已经基本设计完成，思路清晰明确、设计合理有效，基本可以支撑二级市场交易工作的实际开展。

此外，2014 年内蒙古自治区排污权交易管理中心对排污权抵押贷款投融资也开展了探索，并与兴业银行进行了多次洽谈，就排污权抵押贷款的融资形式、融资额度、排污权担保形式等展开了研究探索。但最终因二级市场未建立，抵押贷款业务也并未实际开展。

3.6.2 其他试点做法

长期以来，大部分试点地区将新（改、扩）建项目有偿界定为排污权交易，认为新（改、扩）建项目从政府部门或交易管理机构购买排污权的行为也属于交易。严格来说，这属于排污权交易一级市场，与"企业—企业"交易的二级市场模式有较大区别。

真正意义上企业与企业之间的排污权交易在全国各地的实践都较少。相对活跃的是福建、山西、浙江、湖南、重庆等地。根据 2018 年 8 月统计，福建由企业作为出让方的排污权交易共有 4 828 笔，交易金额 6.7 亿元；山西试点 6 年累计完成交易 2 512 笔，实现交易金额 27.97 亿元，其中企业间交易金额占总成交额的 55%；浙江由企业作为出让方的排污权交易共有 1 812 笔，交易金额 8.5 亿元；湖南企业作为出让方的排污权交易有 1 369 笔，占交易总数量的 28%；重庆排污权交易笔数 925 笔，金额涉及 4 100 多万元。

除交易额外，在交易模式及交易衍生政策方面，浙江、福建等省在排污权抵押贷款、排污权租赁、刷卡排污等方面均有探索，与绿色金融紧密结合，体现了排污权交易作为市场经济手段的灵活性。

3.6.3 客观障碍

排污权二级市场的建设是所有试点地区面临的难点。

一是排污权初始核定是开展交易的基础，而大部分试点地区完成初始核定时间较晚。除少数试点外，其他地区基本于 2014 年之后完成排污权初始核定，随着 2015 年排污许可制度改革，许多地区又面临第二轮排污权核定。核定工作的滞后严重影响了二级市场的建设。

二是"十二五"期间总量控制政策制约排污权交易工作。"十二五"期间实行区域总量控制时，所有企业可获取的排污权只能越来越少，排污权将越来越稀缺。如果试点地区没有制定相对完备的排污权流转规则，在总量控制的前提下，获取排污权的企业必然会存在"惜售"情况，不愿意将获得的排污权出售，这一情况在试点地区广泛存在。另外，由于"十二五"期间大部分区域的总量指标未落实到具体企业，未建立明确的指标流转体系与台账，政府出售的排污权指标来源不明确、供应充足、价格稳定，企业没有动力再通过二级市场竞价获取排污权。此外，"十二五"时期实行的行业总量控制政策，对火电、造纸等部分工业行业实行了行业总量控制，要求这些行业的排污权不得用于其他行业。对于火电行业而言，其大气污染物削减量是各省总量削减的重点，实行超低排放改造后，大量削减下来的总量控制指标不得用于其他涉气行业项目的建设，导致了大量冗余排污权的存在，过于冗余的供给影响了火电行业开展排污权交易的活跃度。

三是排污许可制度改革未能与排污权交易有效衔接。2015年排污许可制度改革后，管理部门向工业企业核发的排污许可量是按照行业排放标准或企业总量控制指标制定的，属于企业合法排污的"天花板"，与排污许可证挂钩的排污权，基本也将确定的许可排放量作为企业的排污权量。这虽然赋予了以排污权为载体，但同时也抹杀了基于技术进步产生的排污权交易需求。按照行业排放标准确定许可排放量的企业，在达到"天花板"的排放水平后为合法排污，无动力再做进一步的减排；按照企业总量控制指标确定许可排放量的企业，其许可排放量接近实际排放水平，在短期内没有再一次技术进步的空间，无法提供大量排污权出售。因此市场上的排污权供给只能依靠企业关停腾挪指标。排污权供应不足，均衡的市场便难以建立，总体上存在"鞭打快牛"的情况。

4

内蒙古自治区排污权管理体系

4.1　内蒙古自治区排污权管理体系的发展

目前，世界上多数国家在不同程度上通过排污许可证制度实现对排污权的管理，排污许可证制度从初试到成熟经历了近50年时间。最早实施现代排污许可证制度的国家是瑞典，而排污许可证制度体系最为完善的则是美国。20世纪70年代，瑞典最早开始应用排污许可证制度；同期，欧盟制定了《欧洲水法》；美国国会也于1972年通过了《联邦水污染防治法》修订案，第一次将NPDES许可证计划作为国家水污染控制的工作重心；1977年10月日本环境省向中央公害对策审议会提出了《关于水质污染总量控制制度》的咨询，并于1980年6月制定了总量控制标准；1987年，美国国会对《清洁水法》（Clean Water Act，CWA）的《水质法案》（Water Quality Act，WQA）进行修订，为NPDES的实施提供保障；2000年10月欧盟各成员国签署了《欧盟水框架指令》，要求各国严格按照指令标准执行水资源管理体系。

我国对于排污许可证制度的探索起步于20世纪80年代中期，开始进行关于它的基础政策研究。我国部分城市于20世纪80年代中期开始探索并引入排污许可这一环境管理制度，天津、苏州、厦门等城市在排污申报的基础上，向企业发放水污染物排放许可证；1988年，国家环境保护局发布了《水污染物排放许可证管理暂行办法》；从1990年开始，我国在多个地区陆续进行了排污许可证的试点工作，包头等多个城市取得了初步的经验；"九五"期间开始实施"自上而下"的污染物排放总量控制制度，并开始由单一的浓度控制向浓度与总量控制相结合的方式转变；2000年3月，《水污染防治法实施细则》规定，地方环境保护主管部门根据总量控制实施方案，发放水污染物排放许可证，至此，我国从行政法规的层面上正式确立了水污染物排放许可证制度；同年4月，《大气污染防治法》规定，地方政府通过划定主要大气污染物排放总量控制区实施排污管控；次年浙江地区出台了《水污染排放总量控制和排污权交易暂行办法》，在地方实行排污许可证制度，我国也从此开始建立了以排污总量控制为目的的排污许可证制度。

2008年2月，修订后的《水污染防治法》明确规定，国家开始试点实施排污许可证制度，并且国家发展改革委、环境保护部、财政部批复了天津、浙江、江苏、河北、河南、内蒙古、陕西、山西、湖北、湖南、重庆等 18 个省、自治区、直辖市以及后续增加的青岛市的试点工作，标志着我国排污许可证制度的发展进入了实质阶段；为了强化污染物排放行为的监督管理，推动污染物排放总量控制工作，根据《中华人民共和国环境保护法》《中华人民共和国水污染防治法》《中华人民共和国水污染防治法实施细则》《中华人民共和国大气污染防治法》《中华人民共和国行政许可法》和《内蒙古自治区人民政府关于"十一五"加强节能减排工作的实施意见》，在国家尚未制定相关排污许可证管理规定之前，内蒙古自治区于 2007 年 9 月制定了《内蒙古自治区排放污染物许可证管理办法（试行）》（以下简称《办法》），并于 2008 年 1 月 1 日起实施。

按照《办法》规定，内蒙古自治区环境保护厅对全区排污许可证实施统一监督管理，并核发所有燃煤电厂、包括企业自备电厂、煤矸石电厂和热电联产电厂、城（镇）市污水处理厂、包括工业园区集中式污水处理设施、上市公司及所属企业、国家、内蒙古自治区国资委监管的中直、区直企业排污单位的排污许可证，其他排污单位的排污许可证由盟市级环境保护行政主管部门核发，并上报内蒙古自治区环境保护厅备案。因国家尚未制定排污许可证的管理办法，自 2010 年开始，在没有统一核算标准的情况下，内蒙古自治区环保厅通过对企业所报材料的反复审查、核算、赴现场实地核查等，2011 年 7 月核发了第一批排污许可证。

2011 年发布的《"十二五"节能减排综合性工作方案》第四十四条要求："推进排污权和碳排放权交易试点，研究制定排污权有偿使用和交易试点，建立健全排放交易市场，研究制定排污权有偿使用和交易试点的指导意见"。我国多个地方依据相关政策相继组织开展了排污许可证和排污权交易试点工作。通过政策的引导，各个试点省份陆续出台了有关试点工作的各类规范性文件，初步形成了地方性试点层面的排污许可证制度的政策体系和规范了排污许可证制度。内蒙古自治区的排污许可证制度的试点工作在这一阶段正式步入轨道。内蒙古自治区排污权交易管理中心从 2011 年成立起承担排污许可证数据审核及许可证印制职能，从印发内蒙古自治区第一张排污许可证开始，截止到 2015 年 9 月底，共协助原环保厅总量处核发内蒙古自治区主要污染物排污许可证 279 张，协助指导各盟市环保局共核发主要污染物排污许可证 837 张。

国家高度重视排污许可工作。在《环境保护法》《大气污染防治法》和《水污染防治法》中明确了排污许可制度的法律地位，强化了对无证排污，不按证排污的违法处罚力度。2016 年 12 月印发了《排污许可证管理暂行规定》《关于开展火电、造纸行业和京津冀试点城市高架源排污许可管理工作的通知》《火电行业排污许可证申请与核发技术规范》《造纸行业排污许可证申请与核发技术规范》等多个文件。分别在管理和技术层面对许可证的核发提出了具体要求，并明确指出"从 2017 年 7 月 1 日起，现有相关企业必须持证排污"，要"依证开展环境监管执法"。《固定污染源排污许可分类管理名录（2017年版）》的颁布，则标志着排污许可制开始全面推行。原环保厅总量处先后组织了十余批次的指导督办调研，分赴 12 个盟市开展现场工作，直接现场指导企业数十家，直接面对面指导企业技术人员百余人次。其间，环保厅组织协调各盟市环保局及五大电力集团驻蒙企业召开许可证核发电视电话调度会一次，同步协调许可证核发与排污权有偿使用工作；组织开展许可证核发技术培训及答疑共三轮，培训许可证申请、核发技术人员 400 多人次。此外，内蒙古自治区环保厅积极将许可证核发工作同"两学一做"学习实践相结合。树立牢固的群众理念，强化公仆意识，为了确保核发工作的有效推进，积极提供保姆式服务。为许可证核发工作的顺利推行奠定了坚实的基础。

为保障相关工作的顺利进行，内蒙古自治区环保厅采取以下措施：

（1）建章立制。为了贯彻落实国务院《控制污染物排放许可制实施方案》和环境保护部《排污许可证管理暂行规定》等文件精神，内蒙古自治区政府于 2017 年 6 月正式印发《内蒙古自治区控制污染物排放许可制实施方案》（内政办发〔2017〕98 号）。《实施方案》紧密结合内蒙古自治区的环保工作实际，明确了许可证核发工作的实施计划，职责分工和目标任务，为内蒙古自治区排污许可制的建立和完善打下了坚实的基础。2017 年 9 月 8 日，内蒙古自治区环保厅在内蒙古自治区环境保护厅官方网站发布了对水泥、焦化等 12 个重点行业申领排污许可证的公告，明确了核发范围、申请核发时限、申请程序、核发机关等要求。此后，内蒙古自治区环保厅先后印发多个文件，进一步规范了各盟市排污许可证的核发工作。同时，内蒙古自治区建立了排污许可证核发进展情况定期调度制度，11 月两周调度一次，12 月每周调度一次，对进展缓慢、不能按时完成核发的盟市及企业予以通报，对违反相关政策的，依法依规严肃处理。

（2）明确职责。内蒙古自治区《实施方案》明确规定，内蒙古自治区环保厅确定本行政区域具体的申请时限、核发机关、申请程序等相关事项，并向社会公告。盟市环境保护主管部门负责一般管理的排污许可证核发工作，旗县（市、区）环境保护主管部门负责简易管理的排污许可证核发工作。同时，为进一步理顺职能职责，便于与环保部对口协调，2017 年 9 月 29 日，内蒙古自治区环保厅排污许可工作从原总量处调整到规划财务处，并明确内蒙古自治区排污权交易管理中心为技术支撑单位。

（3）加强培训。为了确保重点行业企业排污许可证申报与审核工作顺利推进，除了组织相关企业参加环境保护部举办的技术规范培训班外，分别于 2017 年 4 月、9 月组织召开各盟市环保局及相关典型企业代表召开许可证核发调度会、座谈会，协调环保部评估中心针对内蒙古自治区产业结构特点，分别在呼伦贝尔市和鄂尔多斯市开展典型行业企业排污许可技术培训、现场答疑。同时，内蒙古自治区排污权交易管理中心先后组织开展了 3 轮许可证核发技术培训、答疑，多次赴盟市进行现场填报指导，并免费向全区相关企业发放排污许可证申领培训材料。此外，还建立了内蒙古自治区排污许可管理工作微信群、排污许可技术交流群，在内蒙古自治区排污权交易管理中心设立 2 部热线电话，对核发过程中存在的问题及时进行在线解答。

（4）强化督查。为保证不漏报、不瞒报、不误审、全覆盖，2017 年以来，内蒙古自治区环保厅先后 10 多次组织人员分赴 12 个盟市进行监督、检查、指导，对排污许可证申报与审核过程中存在的蒙文不统一、附件材料不规范等问题及时进行了纠正。内蒙古自治区环监局按照国家要求，在全区范围内组织开展了排污许可证专项检查，未发现无证排污企业。同时，内蒙古自治区排污权交易管理中心对照 2016 年环统报表，进一步核实拟核发排污许可证的 12 个行业企业名单，对于漏报的，要求说明原因及下一步打算，确保许可证应发尽发。

2018 年 1 月，《排污许可管理办法（试行）》正式出台，规定了排污许可证核发程序等内容，细化了环保部门、排污单位和第三方机构的法律责任。按照原环境保护部统一工作部署安排，2016 年年底，内蒙古自治区率先在火电、造纸行业启动了排污许可证管理工作。截至 2017 年年底，内蒙古自治区已有 421 家企业获得排污许可证，覆盖火电、石化、炼焦、化学等 15 个行业。随着排污许可制度改革的推进，到 2020 年，包括石油、煤炭、电池制造及电力、热力生产和供应等行业在内，都将实现排污许可"一证式"管理。针对核发过程中遇到的一些问题，内蒙古自治区环保厅及排污权交易管理中心积极总结并及时排解或上报原环保部。

2018 年 4 月，为保障核发许可证的质量，为今后许可证核发工作平稳运行奠定基础，内蒙古自治区环保厅规财处在 2018 年 4 月初启动了火电等行业排污许可证质量检查工作，检查工作历时两个多月，检查共覆盖 15 个行业的 200 多张许可证。

4.2　排污权（管理）平台建设

试点实施期间，内蒙古自治区开展了大量的政策文件研究制定工作，并基于政策文件指导开展主要污染物排污权有偿使用和交易试点。目前，内蒙古自治区已出台相关试点实施方案、管理办法，指导试点工作开展；逐步完善试点配套政策制度体系框架，印发了交易管理、储备管理、电子竞价、排污权核定、价格管理、交易流程等规则和配套制度；成立了排污权交易管理中心，落实了资金来源、人员编制、组织结构；建设了交易综合管理、储备综合管理、电子竞拍等 6 个配套排污权交易管理平台系统，与国家排污许可证管理平台衔接。

此外，内蒙古自治区委托环境保护部环境规划院、环境保护部南京环境科学研究所等技术单位，围绕内蒙古自治区实际情况开展了一系列排污权基础研究工作，包括大气容量测算研究、煤电输出环境成本核算研究、主要大气污染物总量指标调配机制研究、畜禽养殖污染物总量减排研究和地表水水环境容量测算研究等，为排污权有偿使用与交易制度的推进建立了理论研究基础。

内蒙古自治区目前已实现四项主要污染物排污权指标的核定和有偿使用，并批准了鄂尔多斯市、赤峰市和乌海市开展排污权交易试点。自试点开始至今，内蒙古自治区初始排污权核定工作纳入企业共计 4 278 家，核定二氧化硫、氮氧化物、化学需氧量和氨氮总量分别为 35.8 万 t/a、42.3 万 t/a、9.9 万 t/a、1.3 万 t/a；已完成 10 家企业排污权储备工作，累计储备二氧化硫、氮氧化物、化学需氧量、氨氮 3 073.34 t、6 217.62 t、728.28 t、77.75 t，主要覆盖水泥、集中供暖等行业；有偿使用工作共核定企业 520 家，合计金额 17 198 万元，完成现有排污单位实施排污权有偿使用核算工作 31 家，缴纳有偿使用费的企业为 17 家；完成 3 笔排污权交易工作，合计金额 38 万元，交易指标涉及二氧化硫与氮氧化物。

5

基于控制污染物排放
许可制的排污权核定方法探索

5.1 氟化物的核定方法研究

5.1.1 氟化物的危害

氟是一种极其活泼的非金属化学性质元素，在标准状态下为淡黄色气体，在自然界中的分布度占第13位。氟化物不是空气中的常见组分，对于植物而言，也不是一种有益的营养元素，而是重要的环境污染物之一。氟化物被植物吸收后能再转移和积累，并可通过食物链进入人和动物体内，引起氟中毒。近年来，我国许多地区先后发生大气氟化物严重污染造成重大经济损失和污染纠纷的事件，氟污染问题已备受关注。

对于人体而言，氟主要通过肠道吸收，其大部分分布于骨骼和牙齿中，是维持骨骼正常发育必不可少的成分，同时也是人体所必需的微量元素之一。适量的氟对牙齿、骨骼的钙化、神经兴奋的传导和酶系统的代谢均有促进作用，但氟过剩与缺乏均可导致疾病。一般认为每天摄入 6 mg 以上的氟就会导致氟中毒，继而造成食欲不振、智力低下、精神反常，严重时可能造成瘫痪等不治之症。研究发现，当水中含氟量高于 4.0 mg/L 时，就会引起骨膜增生、骨刺形成、骨节硬化、骨质疏松、骨骼变形与发脆等氟骨病，另外还会对肝脏、肾脏、心血管系统、免疫系统、生殖系统、感官系统等非骨组织均有不同程度的损害作用。因此，卫生部 1986 年颁布的"初级卫生保健计划"规定，成人每人每日氟总摄入量不能超过 4 mg。

氟化物对动物也具有毒害作用。据研究，氟化物对不同种类动物毒害的靶器官有一定差别，氟对草食动物的心脏毒害重；对肉食动物主要侵害中枢神经系统；对杂食动物的心脏和神经系统均有毒害作用。有试验表明，氟化物间接地使动物的组织和血液柠檬酸蓄积，使 ATP 生成受阻，严重影响细胞呼吸，尤其是对能量代谢需求旺盛的脑和心脏的影响最为严重，而出现痉挛、抽搐等神经症状。

氟化物的过量吸收会对植物的影响较大。许多植物叶片对氟化物的吸收能力很强，叶绿体是氟化物积累的主要场所，吸收的氟化物会对植物产生相当严重的伤害。急性氟伤害的典型症状是叶尖、叶缘部分出现坏死斑，然后这些斑块沿中脉及较大支脉蔓延，受害叶组织与正常叶组织之间常形成明显的界限，甚至有一条红棕色带状边界，有的植物还表现为大量的落叶。植物受到慢性伤害时主要表现为生长缓慢、叶片脱落、早衰及物候期延迟。例如小麦苗期受到氟化物危害后，在新叶尖端和边缘出现黄化，在扬花期、孕穗期和灌浆期对氟化物最敏感，对产量影响较大，重者近于绝产，轻者产量低，蛋白质含量下降，严重影响品质。

氟化物除了影响人体和动植物的健康外，还会带来巨大的经济损失。如 1986 年，浙江省杭州市春蚕遭受氟化物污染范围达 6 个县（区）、279 个村、近 3 万户蚕农，损失蚕茧 322 t，经济损失 137 万元（当时价）。近年来，江苏、浙江两省的农村中由于大量发展砖瓦窑和磷肥厂，致使氟化物污染了桑叶和牧草，导致部分地区的家蚕和耕牛中毒，因此，氟化物的污染对农牧业生产的影响已经引起了广大农业环境保护工作者的关注。

5.1.2 内蒙古自治区氟化物的排放现状

内蒙古自治区位于中华人民共和国的北部边疆，由东北向西南斜伸，呈狭长形。东起东经 126°04′，西至东经 97°12′，横跨经度 28°52′，东西直线距离超过 2 400km；南起北纬 37°24′，北至北纬 53°23′，纵占纬度 15°59′，直线距离 1 700 km；全区总面积 118.3 万 km²，占中国土地面积的 12.3%，是中国第三大省区。东、南、西依次与黑龙江、吉林、辽宁、河北、山西、陕西、宁夏和甘肃 8 省（区）毗邻，跨越三北（东北、华北、西北），靠近京津；北部同蒙古国和俄罗斯联邦接壤，国境线长 4 200 km。内蒙古自治区地域辽阔，地层发育齐全，岩浆活动频繁，成矿条件好，矿产资源丰富。以北 42°为界，可分为两个 1 级大地构造单元。42°线以北为天山—内蒙古—兴安地槽区，以南为华北地台区。中、新生代时受太平洋板块向西俯冲的影响，内蒙古自治区东部地区形成北东向的构造火山岩带，即新华夏系第三隆起带。内蒙古自治区存在着两个中国Ⅱ级成矿带，就在这两大工级构造单元接触部轴和新华夏系第三隆起带上。前者为华北地台北缘金、铜多金属Ⅱ级成矿带，后者为大兴安岭Ⅱ级铜多金属成矿带。内蒙古自治区地域辽阔，土壤种类较多，分为 9 个土纲，22 个土类。其共同特点是土壤形成过程中钙积化强烈，有机质积累较多。内蒙古自治区是中国发现新矿物最多的省区。自 1958 年以来，中国获得国际上承认的新矿物有 50 余种，其中 10 种发现于内蒙古，包括钡铁钛石、包头矿、黄河矿、索伦石、汞铅矿、兴安石、大青山矿、锡林郭勒矿、二连石、白云鄂博矿。包头白云鄂博矿山是世界上最大的稀土矿山。截至 2015 年年底，保有资源储量居全国之首的有 17 种、居全国前 3 位的有 43 种、居全国前 10 位的有 85 种。稀土查明资源储量居世界首位；全区煤炭累计勘查估算资源总量 8 518.80 亿 t，其中查明的资源储量为 4 220.80 亿 t，预测的资源量为 4 298.00 亿 t。全区煤炭保有资源储量为 4 110.65 亿 t，占全国总量的 26.24%，居全国第一位；全区金矿保有资源储量金 688.86 t，银 48 817 t；铜、铅、锌 3 种有色金属保有资源储量 5 041.18 万 t。2017年，内蒙古自治区全部工业增加值 5 109.0 亿元，比上年增长 3.6%。其中，规模以上工业企业增加值增长 3.1%。在规模以上工业企业中，国有控股企业增加值增长 15.3%，股份制企业增加值增长 2.8%，外商及港澳台投资企业增加值增长 5.8%。在规模以上工业企业中，轻工业增加值下降 9.7%；重工业增加值增长 5.4%。从主要工业产品产量看，全区原煤产量达 90 597.3 万 t，比上年增长 7.1%；焦炭产量 3 046.4 万 t，增长 8.2%；天然气产量 299.5 亿立方米，增长 0.1%；发电量达到 4 435.9 亿 kW·h，增长 12.3%，其中，风力发电量 551.4 亿 kW·h，增长 18.8%；钢材产量 2 002.7 万 t，增长 18.0%；铝材产量 214.6 万 t，下降 9.1%。内蒙古自治区的第二产业依靠着这些丰富的矿产资源而蓬勃发展，可想而知，这也同时意味着工业污染成为了内蒙古自治区的环境污染问题的主要原因。

氟化物是内蒙古自治区的特异性污染物，主要是由于工业排氟所致，工业生产过程中氟元素以含氟废气、粉尘、废水废渣等形式进入环境中。在以含氟矿物为主要原料或辅助原料的钢铁、铝电解、磷肥、水泥、砖瓦、陶瓷、玻璃、化工等行业，都会排放一定的含氟废物。内蒙古自治区的氟污染问题较过去有了明显的改善，排氟总量也有所下降，但是目前排氟量仍然比较大，造成内蒙古自治区内多个地方氟污染的环境问题比较严重，因此必须要控制氟污染。工业排氟是内蒙古自治区内大气氟污染的主要来源，内蒙古自治区要想有效地治理氟污染的问题，就必须控制大气氟化物的排放总量，通过将氟化物纳入排氟工业企业的总量管理体系，在核发排污许可证时明确这些企业允许的氟化物排放总量。因此，进行主要排氟工业企业氟化物的排污权核定对于环境保护及可持续发展具有重要意义。

5.1.2.1　包头市氟化物的排放现状

包头市地处我国西部地区，是全国的重工业城市之一。冶金工业是包头市的主体产业，其中名列全国十大钢铁企业的包头钢铁（集团）有限责任公司（简称包钢）和全国八大铝厂之一的包头铝业（集团）有限责任公司（简称包铝）在包头市经济领域起着举足轻重的作用。但是企业在生产过程中不可避免地要排放一些污染废弃物，如氟化物等。如包钢生产所需的工业原料白云鄂博矿石中就含有氟化物，其含量高达 7.71%，它在工艺生产过程中主要以气态形式排放于环境中，从而污染大气、水域、土壤、植物等。包钢每年向大气排放氟化物量高达上千吨，占包头工业排氟量的 62%，名列排氟第一。包铝每年向大气排放氟化物量达数百吨，占工业排氟量的 25%，名列排氟第二。此外，还有其他工业企业、居民和商业向大气排放一些氟化物。大量的氟化物进入环境，不可避免地对周围环境生态系统产生污染，造成严重危害，主要表现在对农业、林业、畜牧业、人体和生态系统的破坏，引发农业减产，树木死亡，牲畜病变，如羊氟中毒后引发"长牙病"，污染严重的甚至导致死亡。同时通过食物链或直接的对人体健康造成危害，表现为骨骼病理性改变，即"氟骨症"。对土壤的污染还可引发地下水污染，其危害则更为长久、广泛和隐秘。

氟污染一直是包头市多年来一个突出的特异环境问题。在 20 世纪 70 年代中期，包头市出现了"包钢氟污染"问题，特别是位于包钢西北面的乌拉特前旗沙德格苏木因牲畜摄入过量的氟引起骨质疏松、牙齿发黑，形成长短牙，称为"长牙病"。患病牲畜进食困难，营养不良，最终病弱死亡。1986年调查结果显示，在距包钢3km范围内的农业区空气中氟化物浓度超标1.8倍，距9km的牧业区空气氟化物浓度超标0.96倍。羊患"长牙病"的发病率为90%，大牲畜发病率达100%。1989年调查结果显示，包钢附近的四个牧业区羊患"长牙病"的染病率高达95%。1990年调查结果显示，包钢附近4个牧业区的牛落胎率高达12%～65%。受包铝污染的主要区域，1989年调查结果显示，在距包铝2km区域范围内，羊患"长牙病"的发病率高达100%，10km以外未发现"长牙病"。周围环境空气氟化物浓度超标范围在0.47～1.08倍，污染最重区域超标倍数高达3.05倍。同时卫生部门调查研究结果显示，包头地区居民实际日摄氟量已接近对人体健康产生影响的程度，主要表现在居民尿氟含量、临床症状阳性率、牙齿斑釉率、斑釉指数和骨骼X线，改变阳性率均增高。

在包头市区空气质量方面，1986年测得市区氟化物浓度为5.10 $\mu g/(dm^2 \cdot d)$，超标0.02倍；1988年达到6.54 $\mu g/(dm^2 \cdot d)$，超标0.31倍，并且随着企业生产规模的加大，产量增加，氟化物的排放量相应增加，空气中随着氟化物浓度升高，致使污染程度呈现逐年上升趋势。"七五"较"六五"期间空气氟化物浓度增加2.38 $\mu g/(dm^2 \cdot d)$，五年平均浓度超标26倍。随着时间的推延，受害区域面积也越来越大，造成的经济损失也越来越重。

包头市环境氟污染受到社会各界的广泛关注，引起各级政府高度重视。1993年国务院在沙德格苏木召开现场会，各级政府及包钢对此事也非常重视，制定相关治理方案的控制措施，对地方进行补偿及援助，科研人员也开展了多次调研、试验和研究等工作，为氟污染的防治提供条件。

氟污染是包头市多年来重点研究解决的一项课题，包头人在此方面做了大量工作，采取了一系列防治措施。例如开展氟污染对策研究，制定了相应的政策和法规，先后出台了"包头地区氟污染综合防治措施研究""包头地区大气氟化物环境质量标准""包头地区氟化物排放标准"，对各污染企业实施"三同时"制度，并于1993年开始实施"氟化物排污许可证管理制度"，对污染物采取限量排放、总量控制等对策管理。与此同时，内蒙古自治区政府对包头的两个重点排氟源下达专项限期治理任务。各污染企业根据各自生产情况，采取具体措施，减少氟化物排放。特别是排氟大户包钢和包铝采取选矿新工艺，增加无氟矿使用比例，对生产工艺进行改造等多项治理措施，使氟化物排放量逐年下降。

包钢"八五"较"七五"期间减排氟700余t。农业区空气中氟化物年均浓度在植物生长季节或非生长季均有所下降，无超标，而牧业区在植物生长季节或非生长季节均超标，超标倍数分别为0.58倍和0.98倍。包铝农业区空气年均浓度超标1.1倍，在植物生长季节超标3.0。五年来年均值呈波动状态。但总的情况"八五"较"七五"期间上升了0.06 $\mu g/(dm^2 \cdot d)$。五年平均浓度超标0.27倍。1995年流行病学调查结果，羊患"长牙病"总发病率由1989年的72.9%降低到1995年的57.1%，降低

15.8%。其中,包钢附近区域发病率为57.2%,包铝附近区域发病率为64.0%。市区空气氟化物浓度从1989年的超标0.51倍,降到1995年低于标准0.25 $\mu g/(dm^2 \cdot d)$,达到近10年来的最低点。

"九五"期间,由于排氟许可证制度的严格执行,加大排氟治理力度,包钢在2000年的排放量较1995年又下降了23%,"九五"较"八五"期间氟化物减排近22%。在包钢附近区域空气浓度下降了26%。五年总平均浓度超标0.2倍。较"八五"及"七五"期间均明显降低。但包铝"九五"较"八五"期间增排氟16.3%,2000年较1995年增排氟26.6%。附近地区氟化物浓度升高14%,在植物生长季节,空气氟化物浓度超标5.4倍,非生产季节超标1.1倍。主要原因是该厂扩大生产规模,治理设施未能配套跟上所致。但总的统计结果表明,这两大企业"九五"较"八五"期间减排氟18.0%,2000年较1995年减排氟23%,较1995年浓度下降30%。市区氟化物浓度2000年较1996年下降了1.0 $\mu g/(dm^2 \cdot d)$,"九五"较"八五"期间浓度有较大幅度下降,较"八五"期间降低了2.26 $\mu g/(dm^2 \cdot d)$,五年平均浓度不超标,由此可见氟化物污染状况总体呈逐年递减趋势。

2006—2010年,包头市环境空气氟化物年月均值为2.72 $\mu g/(dm^2 \cdot d)$,低于城区参加标准[5.0 $\mu g/(dm^2 \cdot d)$],年月均值超标率为7.3%。据统计,包头市排氟的企业有12家,从2006年到2010年企业共排放氟化物10 515.5 t。其中2010年实际排放氟化物2 656.6 t,主要排氟企业排氟量比2009年减少155.6 t,说明包头市排氟量呈下降趋势。其中内蒙古包钢钢联股份有限公司炼铁厂2010年排放氟化物1 345 t,占全市排氟总量的50.6%,是包头市氟化物污染的主要来源。其次包头××有限公司和东方希望××有限公司2010年共排放氟化物700 t,占全市排氟量的26.3%,也是包头市氟化物污染的主要来源之一。2010年包头市主要排氟企业排放情况见表5-1。

表5-1 2010年包头市主要排氟企业排放情况

序号	企业名称	2010年排氟量/(t/a)
1	内蒙古包钢×××股份有限公司炼铁厂	1 345
2	东方希望×××××有限公司	407
3	包头×××有限公司	293
4	北方联合电力有限责任公司×××热电厂	129.7
5	北方联合电力有限责任公司×××热电厂	127.7
6	华电内蒙古能源有限公司×××发电分公司	121.4
7	包头×××稀土高科技有限公司	61.6
8	包头×××热电有限公司	61.6
9	北方联合电力有限责任公司××××热电厂	53.3
10	×××(集团)热电厂	25.8
11	包头市××××稀土磁材有限公司	15.8
12	内蒙古包钢×××稀土有限公司	14.7

从表 5 - 1 可以看出，包头市氟化物排放的主要行业是钢铁和铝冶炼行业，仅内蒙古包×××联股份有限公司炼铁厂、包头×××有限公司和东方希望×××有限公司三家企业的总排氟量占 2010 年排氟总量的 76.9%。为了有效地控制大气氟污染，将大气氟化物纳入排污许可证管理，本研究对钢铁行业和铝冶炼行业的排污权核定方法进行研究。

5.1.2.2 霍林郭勒市氟化物的排放现状

霍林郭勒市是内蒙古自治区的一个直辖市，现在是由通辽市代为管理。霍林郭勒市的地理位置在大兴安岭南麓，地处科尔沁草原腹地。"霍林郭勒"这个名字是由蒙古语音译得来的，前者"霍林"这两个字代表的含义为茶饭、美食和休养生息，后者"郭勒"这两个字所表示的意思为河水，"霍林郭勒"组合在一起即成为美食之河，它寓意着这是一片富饶美丽之地。这片美丽富饶之地却是一座因煤而建、源煤而兴的新一代工业城市。2014 年，霍林郭勒市入选了中国中小城市综合实力百强县市，在综合实力百强县市中排名第八十位；同时入选了中国最具投资潜力中小城市百强县市，在这中国最具投资潜力中小城市百强市县中排名可达到中上水平，位居第四十五位。

经过多年来的探索和实践，霍林郭勒市当前已经逐步建立起来具有一定规模的以煤为主要能源的工业体系。围绕着煤炭、电力、冶金、煤化工四大主导产业，霍林郭勒市现在已经初步形成了煤电铝、煤电硅、煤化工、粉煤灰综合利用四条主导经济产业链，同时，装备制造业等其他相关产业也同时在不断成长、壮大。霍林郭勒市的经济运行质量和效益显著提高，产业结构也已经迈向比较高的层次。当前它已经形成了以能源产业为核心的比较完整的煤电铝循环经济产业链条，这其中包含着煤电铝和产业配套及资源综合利用等几大产业集群。同时它聚集了一批产业技术装备水平先进、集中度高、产业层次较高的企业和项目，并形成了品种齐全、特色鲜明、附加价值高的特色产业城市，它被业内专家认为是全国最理想的煤电铝一体化产业基地。

霍林郭勒市作为一个典型的工业城市，其中霍林河新型能源化工高新技术园区现已成为内蒙古自治区级新型能源化工高新技术园区，还有霍林郭勒市铝产业冶金基地及配套物流园区现已成为国家重要能源和铝产业基地、东北地区洁净煤生产基地和煤炭物流中心，它们在霍林郭勒市的经济领域起着举足轻重的作用。但是企业在生产过程中不可避免地要排放一些污染废弃物，如氟化物等。尤其是园区内以电解铝为主的企业，影响比较大的如内蒙古×××铝材有限公司、内蒙古霍煤×××有限责任公司、内蒙古×××金属有限公司等，它们的项目都主要涉及氟化物。在工艺生产过程中，氟化物主要以气态形式排放于环境中，从而污染大气、土壤、水域、植物等。此外，还有其他工业企业、商业和居民向大气排放一些氟化物。在霍林郭勒工业园区空气质量方面，2017 年测得工业园区内设置的 22 个监测点中的 16 个监测点的氟化物浓度范围平均处于 $0.1 \sim 0.6\ \mu g/m^3$，而其余的明格而吐嘎查、沙尔敖包嘎查、准特花嘎查、B 区内、三栋房和哈拉嘎图嘎查这 6 个地点的氟化物浓度范围达到了 $2.5 \sim 6.1\ \mu g/m^3$，这 6 个地点氟化物浓度范围明显高于平均水平。并且随着企业生产规模的加大和企业的增加，产量增加，氟化物的排放量也会相应增加，空气中氟化物浓度更要随着升高，最终还会令污染程度呈现逐年上升趋势。环境一旦进入了大量的氟化物，周围的草原环境生态系统不可避免地遭受了污染，产生了严重的危害，主要表现在对农业、林业、畜牧业、人体和生态系统的破坏，引发农业减产，树木死亡，牛羊等牲畜大量患病死亡，同时通过食物链或直接的对人体健康造成危害，对土壤的污染还会引起导致地下水被污染，当地群众苦不堪言。

因此工业排氟导致了氟化物成为它自身的特异性污染物。随着国家对环境保护的重视，与过去相比较，霍林郭勒市的氟污染问题有了显著的改善，排氟总量也在持续降低，但是当前的排氟量仍然比较大，城区氟污染的环境问题仍旧比较严重，因此控制氟污染迫在眉睫。

以包头作为内蒙古自治区西部的代表城市，霍林郭勒市作为内蒙古自治区东部的代表城市，反映出内蒙古自治区大范围内的氟化物污染情况，为了有效地控制大气氟污染，将大气氟化物纳入排污许可证管理，本研究对钢铁行业和铝冶炼行业的排污权核定方法进行研究。

5.1.3 钢铁工业氟化物核定方法研究

钢铁工业是我国国民经济的重要基础产业和实现新兴工业化的支柱产业。我国钢铁工业经历了一个不平凡的发展历程，改革开放以来取得了举世瞩目的成就。新中国成立初期，我国粗钢产量只有15.8万t、1996年达到了1.01亿t，实现第一个1亿t用了46年时间。2003年达到了2.2亿t，实现第二个1亿t只用了7年时间。2005年粗钢产量达到了3.5亿t，实现第三个1亿t仅用了2年时间。近10年来我国粗钢产量如图5-1所示，2014年我国粗钢产量达到8.22亿t，2015年和2016年粗钢产量有少量下滑。

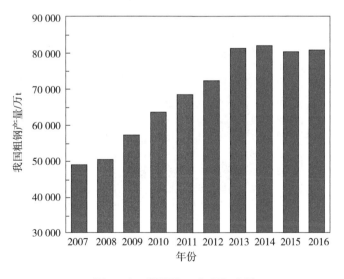

图5-1 我国近10年粗钢产量

我国钢产量已经连续多年居世界第一，今后一个较长时期仍会稳居世界第一，实现了钢铁大国之梦，为我国国民经济的发展做出了重大贡献，却未能实现钢铁大国向钢铁强国的转变。另外，我国钢铁工业中低水平生产能力仍占相当的比重，这类低水平的生产装备环境污染也相对严重。从世界钢铁产业发展的大趋势来看，我国钢铁产业集中度非常低、而进一步走低的趋势十分明显，并由此导致了资源配置不合理、竞争能力低下，单位产量的能耗、物耗及污染物的排放量居高不下，不仅严重制约着整体竞争力的提高，同时也大大削弱了我国钢铁工业在国际市场上的地位和作用。

钢铁工业，是资源、能源密集型产业，其特点是产业规模大、生产工艺流程长，从矿石开采到产品的最终加工，需要经过很多生产工序，其中一些主体工序资源、能源消耗量都很大，污染物排放量也比较大。同时，由于传统冶金生产工艺技术发展的局限性以及我国多年来基本上延续以粗放生产为经济增长方式，整体工艺技术装备水平落后，导致钢铁工业一直成为国内几大重点污染行业之一。据 2015 年中国环境统计年报，2015 年我国钢铁冶炼企业二氧化硫排放量为 136.8 万 t（占全国工业二氧化硫排放量的 8.8%），氮氧化物排放量 55.1 万 t（占全国工业氮氧化物排放量的 4.7%），烟（粉）尘排放量为 72.4 万 t［占全国工业烟（粉）尘排放量 5.9%］。

内蒙古自治区作为我国传统的工业大省，具有丰富的能源和矿产资源，其中，资源型产业在全区占比较大。而其中，包钢有限责任公司作为我国重要的钢铁工业基地及内蒙古最大的工业基地，钢铁产量居全国前列。图 5 - 2 显示了内蒙古自治区近 10 年的粗钢产量，在 2013 年内蒙古自治区的粗钢产量达到 1 978.6 万 t，随后产量稍有下降。2016 年，内蒙古自治区粗钢产量为 1 813.2 万 t，占全国总产量的 2.25%。

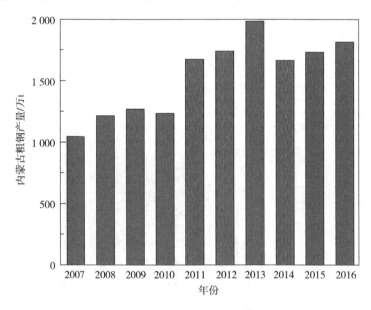

图 5 - 2　内蒙古自治区近 10 年粗钢产量

包头市是内蒙古自治区最主要的钢铁工业基地，2015 年，包头市规模以上钢铁企业 102 户，累计完成工业增加值 278.1 亿元，同比增长 12.9%，占全市规模以上工业的 24.0%。钢材产量 1 407 万 t，同比增长 8.0%；粗钢产量 1 479.7 万 t，同比增长 12.5%；

生铁产量 1 383.3 万 t，同比增长 16.7%。其中：包钢生产商品坯材 1 121.12 万 t，同比增长 11.59%；粗钢 1 186.27 万 t，同比增长 10.66%；生铁 1 027.49 万 t，同比增长 14.62%。

5.1.3.1 钢铁工业主要生产工艺及产污环节

本研究所称的钢铁工业是指含有烧结、球团、炼铁、炼钢及轧钢等生产工序的排污单位，分为钢铁联合排污单位和钢铁非联合排污单位。其中，钢铁联合排污单位是指拥有钢铁的工业基本生产过程的钢铁排污单位，至少包含炼铁、炼钢和轧钢等生产工序；钢铁非联合排污单位是指除钢铁联合排污单位外，含一个或两个及以上钢铁工业生产工序的排污单位。

根据钢铁工业的生产工艺流程，钢铁工业排污单位主要生产单元可分为原料系统、烧结、球团、炼铁、炼钢、公用单元 7 个部分。

（1）原料系统。原料系统目前国内钢铁工业原料系统分为机械化原料场和非机械化原料场，主要包括原燃料储存系统，物料输送、装卸系统以及原燃料配料、混合、整理系统 3 个部分。原料场是烧结、球团工序首要的无组织排放源，铁精矿、煤、焦粉以及石灰（石）等原燃料及辅料若露天堆放易产生粉尘无组织排放，特别是大风天气污染严重；铁精矿、煤、焦粉等大宗物料的输送过程，石灰等粉料在车辆运输过程，以及汽车、火车、皮带输送机等卸料过程均易产生粉尘无组织排放。除尘灰的卸灰及运输过程也易产生无组织排放；原燃料破碎、筛分、混合等过程产生粉尘无组织排放。

（2）烧结。烧结生产是指将细粒的含铁原料、熔剂、固体燃料按比例进行配料，加水混合制粒后，平铺到烧结机台车上，点火抽风烧结，烧成的烧结矿经机尾卸下后，再进行破碎、筛分、冷却，冷却后的烧结矿经过整粒，最后成品输出。目前国内钢铁工业烧结工艺分为带式烧结、步进式烧结，其中最主要采用的是带式烧结。烧结工序产生废气污染物的生产设施主要包括配料设施、整粒筛分设施、烧结机、破碎设施、冷却设施等，产生的主要污染物为颗粒物（粉尘）、二氧化硫、氮氧化物、氟化物、重金属和二噁英。

（3）球团。球团是指把经过干燥的铁精矿等原料与适量的膨润土均匀混合，通过造球机造出生球，然后进行筛分，将不符合粒度要求的生球经过破碎，重新返回配料，符合要求的生球进行干燥、预热、焙烧，烧成后进入冷却机冷却，经筛分后成品输出。球团工艺的生产设施主要有竖炉、带式焙烧机、链箅机 - 回转窑三大类。球团工序产生废气污染物的生产设施主要包括配料设施、焙烧设备、破碎设施、筛分设施、干燥设施等，主要污染物为颗粒物（粉尘）、二氧化硫、氮氧化物、氟化物、重金属和二噁英。

（4）炼铁。炼铁是将金属铁从含铁矿物（主要为铁的氧化物）中提炼出来的工艺过程。目前国内钢铁工业炼铁工艺分为高炉炼铁、熔融还原炼铁、直接还原炼铁，但高炉炼铁为国内炼铁主流工艺。高炉炼铁是一个还原过程，主要原料为 Fe_2O_3 或 Fe_3O_4 含量高的铁矿石、烧结矿或球团矿以及石灰石（调节矿石中脉石熔点和流动性的助熔剂）、焦炭（作为热源、还原剂和料柱骨架）。在高炉炼铁生产中，高炉是工艺流程的主体，从其上部装入的铁矿石、燃料和熔剂向下运动，下部鼓入空气燃料燃烧，产生大量的高温还原性气体向上运动；炉料经过加热、还原、熔化、造渣、渗碳、脱硫等一系列物理化学过程，最后生成液态炉渣和生铁。高炉炼铁工艺流程系统除高炉本体外，还有供料系统、送风系统、回收煤气与除尘系统、渣铁处理系统、喷吹燃料系统以及为这些系统服务的动力系统等。炼铁工序产生废气污染物的生产设施主要包括高炉矿槽、高炉出铁场、热风炉、原料系统、煤粉系统等，主要污染物为颗粒物（粉尘）、二氧化硫和氮氧化物。

（5）炼钢。炼钢是指将炉料（如铁水、废钢、海绵铁、铁合金等）熔化、升温、提纯，使之符合成分和纯净度要求的过程，涉及的生产工艺包括铁水预处理、熔炼、炉外精炼（二次冶金）和浇铸（连铸）。目前国内钢铁工业炼钢工艺分为转炉炼钢、电炉炼钢。

转炉炼钢指利用炉内的氧与铁水中的元素碳、硅、锰、磷反应放出热量进行的冶炼过程。转炉炼钢产生废气污染物的生产设施主要包括转炉、石灰窑、白云石窑、铁水预处理（包括倒罐、扒渣等）、精炼炉、连铸切割及火焰清理、钢渣处理等。转炉炼钢过程中，铁水兑入、辅料加入、吹氧、出渣、出钢等均有大量的含尘烟气产生，烟气中除烟尘之外还有 CO 等污染物；散状料上料系统有粉尘产生，LF、VD 等精炼炉冶炼及铁水预处理过程均有含尘烟气产生。

电炉炼钢指利用电能作为热源进行的冶炼过程，主要为电弧炉。电炉炼钢以废钢为原料，辅助原料有铁合金、石灰、萤石等，产生废气污染物的生产设施主要包括电炉、铁水预处理（包括倒罐、扒渣等）、精炼炉、连铸切割及火焰清理、钢渣处理等，电炉及精炼装置在加料、出钢、吹氧和冶炼过程中有大量含 CO、CO_2 的高温含尘烟气产生，烟气中还有少量的氟化物（其成份为 CaF_2）及二噁英；原、辅料系统的上料等，也有含尘废气产生。

浇铸是将炼钢过程生产出的合格液态钢通过一定的凝固成型工艺制成具有特定要求的固态材料的加工过程，主要有铸钢、钢锭浇铸和连铸，炼钢厂浇铸工艺主要是连铸。连铸结晶器加保护渣时有少量的烟尘产生，中间罐倾翻及修砌有粉尘产生，火焰清理机作业过程有含尘烟气生产。

（6）轧钢。轧钢指将钢坯料或钢板制成所需要的成品钢材的过程，也包括在钢材表面涂镀金属或非金属的涂、镀层钢材的加工过程。目前国内钢铁工业轧钢工艺分为热轧和冷轧。

热轧一般是将钢坯在加热炉或均热炉中加热到 1 150～1 250℃，然后在轧机中进行轧制。热轧厂主要由加热区、轧钢区、冷却区和钢坯库等区段组成，有的还有热处理、酸洗和镀面（镀锌、锡、铅）等区组成。热轧过程产生废气污染物的生产设施主要包括热处理炉、热轧精轧机、精整机、抛丸机、修磨机、焊接机等，热轧含尘废气主要产生在精轧机组。

冷轧是将钢坯热轧到一定尺寸后，在冷态即常温下进行轧制。热板经酸洗、冷连轧后热镀锌、热镀锌或经退火后电镀锌。冷轧厂主要由酸洗区、轧钢区、热处理区、精整区等组成。冷轧产生废气污染物的生产设施主要包括热处理炉、拉矫机、精整机、修磨机、焊接机、轧制机组、废酸再生设施、酸洗机组、涂镀层机组、脱脂机组、涂层机组等。含尘废气主要产生在拉矫机、焊接机、酸再生系统；含酸废气产生在冷轧、酸洗、涂层机组；含碱废气产生在冷轧、热镀锌、电工钢机组碱洗段；含乳化液、油雾废气产生在冷轧主轧机、湿平整机。

（7）公用单元。钢铁行业的公用单元主要是发电和供热的生产设施，包括燃气锅炉、燃煤锅炉、燃油锅炉、发电机组、燃气—蒸汽联合循环发电机组等。产生的污染物主要有颗粒物、二氧化硫、氮氧化物、汞及其化合物，烟气黑度等。

钢铁工业排污单位有组织废气产污环节名称及污染物种类如表 5 - 2 所示。

表 5 - 2　钢铁工业排污单位有组织废气产污环节及污染物种类表

生产单元	生产设施	废气产污环节	污染物种类
原料系统	供卸料设施、其他	装卸料废气、转运废气、破碎废气、混匀废气、筛分废气、其他	颗粒物
烧结	带式烧结机、步进式烧结机、其他	配料废气、整粒筛分废气	颗粒物
		烧结机头废气	颗粒物
			二氧化硫
			氮氧化物
			氟化物
			二噁英类
		烧结机尾废气	颗粒物
		破碎废气、冷却废气、其他	颗粒物
球团	竖炉、链箅机 - 回转窑、带式焙烧机、其他	配料废气	颗粒物
		焙烧废气	颗粒物
			二氧化硫
			氮氧化物
			氟化物
		筛分废气、干燥废气、其他	颗粒物
炼铁	高炉、其他	高炉矿槽废气	颗粒物
		高炉出铁场废气	颗粒物
		热风炉烟气	颗粒物
			二氧化硫
			氮氧化物
		煤粉制备废气、转运废气、其他	颗粒物

生产单元	生产设施	废气产污环节	污染物种类
炼钢	转炉、电炉、精炼炉、石灰窑、白云石窑、其他	转炉二次烟气	颗粒物
		电炉烟气	颗粒物
			二噁英类
		石灰窑、白云石空窑焙烧烟气	颗粒物
		转炉一次烟气	颗粒物
		铁水预处理废气、精炼废气、连铸切割废气、火焰清理废气、钢渣处理废气、其他	颗粒物
		电渣冶金废气	氟化物
轧钢	热轧生产线、冷轧生产线、酸洗生产线、涂镀生产线、其他	热处理烟气	颗粒物
			二氧化硫
			氮氧化物
		精轧机废气	颗粒物
		拉矫废气、精整废气、抛丸废气、修磨、焊接废气、其他	颗粒物
		轧机油雾	油雾
		废酸再生废气	颗粒物
			氢化氢
			硝酸雾
			氟化物
		酸洗废气	氢化氢
			硫酸雾
			硝酸雾
			氟化物
		涂镀废气	铬酸雾
		脱脂废气	碱雾
		彩涂废气	苯
			甲苯
			二甲苯
			非甲烷总烃

生产单元	生产设施	废气产污环节	污染物种类
公用单元	燃气锅炉、燃煤锅炉、燃油锅炉、发电机组、其他	燃烧废气	颗粒物 二氧化硫 氮氧化物 汞及其化合物 烟气黑度

5.1.3.2 钢铁工业氟化物的产污机理与减排措施

从表 5-2 中可以看出，钢铁工业生产中氟化物的排放主要集中在烧结（球团）、电渣冶金、酸洗和废酸再生等工序。

（1）烧结（球团）工序。烧结过程，是将矿粉、燃料和熔剂按一定的比例进行配料、混匀，然后在高温下进行煅烧使混合料局部熔化黏结成为适合高炉用的块状炼铁原料的生产过程。在铁精矿的烧结过程中（$T=1\,200\sim1\,300℃$），来自矿石和燃料煤中的氟转化为气相，呈 HF 形态（极少部分为 SiF_4 形态）随烟气排出，欧盟资料报道其产生量为 $1.4\sim3.5\,g/t$。上海地区的实测数据为 $1\sim2\,mg/m^3$，与欧盟数据相近。但是，有的地区采用高氟矿烧结，烟气中的氟化物原始浓度可达上百毫克每立方米乃至数百毫克每立方米。尤其是包钢采用的原料白云鄂博铁矿是一个含有铁、稀土、铌、锰、氟等多元素共生矿，铁矿石中含氟 7% 左右，主要以萤石和氟碳铈矿的形式存在。在选矿、冶炼过程中，原矿中氟的 98.5% 进入尾矿和高炉渣中，剩余不到 2% 氟在采、选、冶炼，以及各储运、装卸作业中以含氟废气、粉尘、废水及其他废渣等形式进入环境。进入大气的氟主要以气态 HF 和 SiF_4 和含氟粉尘的形式存在，是包钢氟污染的主要问题。

球团焙烧是将铁矿粉、熔剂、燃料制球后再烧结的生产过程，氟的来源、气态氟化物的产生机理及其减排方法与烧结工序基本上相同。

烧结（球团）工序氟化物的减排首先应从源头减少其产生量，尽量不用或少用高氟矿，或者高低氟矿搭配烧结（但只能降低浓度并不能减少总量）；其次，采取氟化物脱除措施，如目前如火如荼的烧结烟气脱硫对氟化物的脱除都有比较好的减排效果，尤其是湿法脱硫，对高氟烟气的脱除率一般都可以达到90%以上，甚至97%以上。

（2）电渣冶金工序。电渣冶金一般通称为电渣重熔，是利用炉渣作为电阻和提纯剂，熔渣和钢液的精炼及钢锭结晶都在一个水冷结晶器中进行从而可控制钢锭结晶的一种冶金方法。我国现在电渣炉300多座，总生产能力约100万t。从20世纪80年代就开始研究无氟渣重熔冶炼，尽管已经取得了不少的研究成果，但国内仍多采用氟系进行重熔冶炼，生产过程中由于萤石（CaF_2）的水解而产生气态氟化物。

对于电渣冶金气态氟化物的控制，主要有湿法、干法和半干法3大类。由于电渣炉烟气温度不高，目前国内特殊钢企业主要采用干法净化，即向烟气中喷入石灰粉细颗粒等吸附剂，然后送袋式除尘器净化，控制效果良好，一般可以达到 5 mg/m³ 以下或更低。

（3）酸洗和废酸再生。钢材在加热、冷却、堆放、轧制等过程中，其表面接触氧化剂和空气容易生成氧化铁皮层，其外层为结晶构造的 FeO，中间层为致密裂纹玻璃状的 FeO，内层为疏松多孔细结晶 FeO。对于不锈钢，特殊钢的氧化铁皮去除，除机械方式外还需要采用氢氟酸与硝酸的混合液进行酸洗。此时，有气态氟化物产生，其产生量与酸洗液的浓度、温度以及具体的酸洗工况等因素有关。

目前，对于酸洗过程产生的氟化物多采用水溶液喷淋吸收净化法处理，通常都能够达到排放标准，但 NO 则常常不能达标，多再采用 SCR 法的二级净化处理。

5.1.3.3 钢铁工业氟化物的排污权核定

（1）钢铁工业氟化物排污权核定的方法确定。

由于《排污许可证申请与核发技术规范 钢铁工业》（HJ 846—2017）中仅对钢铁工业排污单位废气中颗粒物、二氧化硫和氮氧化物的许可排放量做了规定，未对氟化物许可排放量进行规定。考虑内蒙古自治区氟化物污染的实际情况，本研究对钢铁工业氟化物的排污权进行核定。从规范中可以看出，氟化物的排放源包括烧结机头废气、球团焙烧废气、电渣冶金废气、废酸再生废气和酸洗废气五个来源，均为有组织排放，其中烧结机头废气和球团焙烧废气为主要排放口排放的废气，电渣冶金废气、废酸再生废气和酸洗废气为一般排放口排放的废气。为与规范中的核发方法保持一致，对于主要排放口采用的排污权由基准排气量、许可排放浓度限制和产能相乘确定，一般排放口采用绩效法确定。具体如下：

$$E_{年许可} = E_{主要排放口年许可} + E_{一般排放口年许可}$$

式中，$E_{年许可}$——钢铁工业排污单位年许可排氟量，t；

$E_{主要排放口年许可}$——钢铁工业排污单位主要排放口氟化物年许可排放量，t；

$E_{一般排放口年许可}$——钢铁工业排污单位一般排放口氟化物年许可排放量，t；

（2）主要排放口年许可排放量。

钢铁工业排污单位废气主要排放口氟化物年许可排放量由基准排气量、许可排放浓度和产量相乘确定，计算公式如下：

$$M_i = R \times Q \times C \times 10^{-5}$$

$$E_{主要排放口年许可} = \sum_{i=1}^{n} M_i$$

式中，M_i——第 i 个排放口氟化物年许可排放量，t；

R——第 i 个排放口对应装置近三年产量平均值，未投运或投运不满一年的按产能计算，投运满一年但未满三年的取周期年实际产量的平均值。当实际产量平均值超过产能时，按产能计算，万 t；

Q——基准排气量，Nm³/t 产品。

C——氟化物许可排放浓度限值，mg/Nm³。

（3）一般排放口年许可排放量。

钢铁工业排污单位氟化物一般排放口许可排放量计算公式如下：

$$M_i = R \times G \times 10^{-2}$$

$$E_{\text{一般排放口年许可}} = \sum_{i=1}^{n} M_i$$

式中，M_i——第 i 个排放口氟化物年许可排放量，t；

R——第 i 个排放口对应装置近三年产量平均值，未投运或投运不满一年的按产能计算，投运满一年但未满三年的取周期年实际产量的平均值，当实际产量平均值超过产能时，按产能计算，万 t；

G——第 i 个单元氟化物一般排放口排放量绩效值，kg/t。

除主要排放口外，钢铁企业一般排放口多为原燃料和产品的破碎、转运等产尘点所对应的排放口。而一般排放口和无组织排放之间往往可以相互转换，如原料场或烧结车间破碎系统，先进钢铁企业破碎系统产尘点一般会配置除尘装置，将粉尘收集净化后以有组织形式排放，而落后钢铁企业在上述产尘点无任何污染治理设施，粉尘则以无组织形式排放。因此，本研究对一般排放口和无组织许可排放量采用相同的许可量计算方法，即绩效法。一般排放口绩效值根据基准排气量与许可浓度限值相乘得出。许可浓度限值采用不同排污单位（执行特别排放限值排污单位和其他排污单位）执行的标准限值。

为了使钢铁工业氟化物的排放量核算更加符合内蒙古自治区的区域性排放特征，本研究对钢铁工业的氟化物年许可排放量核算参数进行优化，分别对钢铁工业主要排放口的基准排气量和一般排放口的排放绩效值进行参数优化。

钢铁工业主要排放口基准排气量依据污染源普查数据、钢铁工业环评验收报告、设计院提供的设计资料和相关研究成果综合确定，具体数据见 5 - 3。

表 5 - 3　钢铁工业排污单位主要排放口基准排气量　　　　单位：Nm³/t

数据来源	烧结机头	球团焙烧
第一次全国污染源普查成果	1 933	2 458
《中国钢铁行业污染物控制可行技术及排污许可量核定方法研究》中数值	2 197 ~ 3 463	—
《排污许可证申请与核发技术规范 钢铁工业》规定的数值	2 830	2 480
设计院提供设计数值	2 508	2 647
A 项目环评验收	2 352	2 640
B 项目环评验收	1 807	759
本研究选取值	2 700	2 400

钢铁工业一般排放口绩效值根据基准排气量与许可浓度限值相乘得出，具体优化过程见表 5 - 4。

表 5 - 4　钢铁工业排污单位一般排放口基准排气量选取　　　　单位：Nm³/t

数据来源	电渣冶金	酸洗	废酸再生
第一次全国污染源普查成果	5 920	—	—
《排污许可证申请与核发技术规范 钢铁工业》规定的数值	—	300	300
A 项目环评报告	6 937	—	—
B 项目环评报告	—	280	210
本研究选取值	6 000	300	300

根据表 5-4 中基准排气量的取值及相应的钢铁工业污染物排放标准，可以获得钢铁工业排污单位一般排放口氟化物排放绩效值（见表 5 - 5）。

表 5 - 5　钢铁工业排污单位一般排放口氟化物排放绩效值选取

生产单元	排污单位类型	基准排气量 Nm³/t	排放浓度限值 mg/Nm³	排放绩效 g/t 产品
电渣冶金	执行特别排放限值排污单位	6 000	5.0	30
	其他排污单位	6 000	5.0	30
废酸再生	执行特别排放限值排污单位	300	9.0	2.7
	其他排污单位	300	9.0	2.7
酸洗	执行特别排放限值排污单位	300	6.0	1.8
	其他排污单位	300	6.0	1.8

5.1.3.4　钢铁工业氟化物实际排放量的核定

钢铁工业排污单位主要排放口废气污染物实际排放量的核算方法包括实测法、物料衡算法和产排污系数法。由于钢铁工业排污单位生产流程长，有组织一般排放口数量也较多，监管起来难度较大，为此，采用排污系数法计算各工序一般排放口实际排放量。氟化物的实际排放量计算公式如下：

$$E_{排放} = E_{主要排放口} + E_{一般排放口}$$

（1）主要排放口。

钢铁工业排污单位主要排放口废气污染物的核算方法采用实测法，特殊情形下采用物料衡算法和产排污系数法。自动监测实测法是指根据符合监测规范的有效自动监测污染物的小时平均排放浓度、平均烟气量、运行时间核算污染物年排放量，核算方法如下：

$$M_{j主要排放口} = \sum_{j=1}^{n} (c_i \times q_i \times 10^{-9})$$

$$E_{主要排放口} = \sum_{j=1}^{n}\left(M_{j主要排放口}\right)$$

式中，$M_{j主要排放口}$——核算时段内第 j 个主要排放口氟化物的实际排放量，t；

c_i——第 j 个主要排放口氟化物在第 i 小时的实测平均排放浓度，mg/Nm³；

q_i——第 j 个主要排放口氟化物在第 i 小时的标准状态下干排气量，Nm³/h；

n——核算时段内的污染物排放时间，h。

$E_{主要排放口}$——核算时段内主要排放口氟化物的实际排放量，t。

（2）一般排放口。

一般排放口氟化物实际排放量可采用自动监测实测法或手工监测实测法核算。自动监测实测法参见主要排放口核算方法。手工监测实测法是指根据每次手工监测时段内污染物的小时平均排放浓度、平均烟气量、核算时段内累计运行时间核算氟化物年排放量，核算方法如下所示。排污单位应将手工监测时段内生产负荷与核算时段内的平均生产负荷进行对比，并给出对比结果。

$$M_{j一般排放口} = \sum_{j=1}^{n}\left(c_i \times q_i \times 10^{-9}\right) \times T$$

$$E_{一般排放口} = \sum_{j=1}^{n}\left(M_{j一般排放口}\right)$$

式中，$M_{j一般排放口}$——核算时段内第 j 个一般排放口氟化物的实际排放量，t；

c_i——第 j 个一般排放口氟化物实测平均排放浓度，mg/Nm³；

q_i——第 j 个一般排放口氟化物标准状态下干排气量，Nm³/h；

T——第 j 个核算时段内一般排放口累计运行时间，h；

$E_{一般排放口}$——核算时段内一般排放口氟化物的实际排放量，t。

5.1.4 电解铝行业氟化物核定方法研究

5.1.4.1 内蒙古自治区铝工业发展现状

铝工业是国民经济发展的重要基础原料产业，同时也是高耗能产业。经过几十年的发展，我国已成为世界铝生产、消费大国。但是我国铝工业配置资源、产业集中度、技术装备水平、产品竞争力、技术创新等方面与世界铝工业强国相比，仍有一定差距。

国外90%以上的氧化铝生产采用能耗低、污染小的拜耳法工艺生产。因为矿石类型和品位的原因，我国普遍采用烧结法和联合法生产工艺。近几年，我国氧化铝企业经技术改造，国际先进技术和设备在各氧化铝厂普遍采用：如间接加热管道化溶出、多效降膜蒸发、流态化焙烧、赤泥干法输送及堆存等，总体上说，我国氧化铝厂技术装备水平已经接近世界先进水平。

我国及世界的电解槽型和铝厂生产规模正向大型化发展。国际最大槽容量已达500 kA 以上，主流槽型在 300 kA 左右。20 世纪 80 年代中期，我国最大槽容量为 160 kA，目前 350 kA 电解槽已投入生产。智能控制、模糊控制、自动加料控制、超浓相输送、烟气干法净化技术等的采用，已使我国跻身于世界电解铝工业先进行列。

目前我国的氧化铝产能、产量都已位居世界第一位，从图 5 - 3 可以看出，近 10 年我国氧化铝的产量逐年增加，已从 2007 年的 1 947 万 t 增加到 2016 年的 6 091 万 t。我国氧化铝产能主要集中在山东、河南、山西、贵州和广西等省份，其中山西地区由于成本及地理优势，逐渐成长为第二大氧化铝生产基地。氧化铝生产企业的分布也以这些地区为主，此五省占比合计达到 96%。从 2001 年以后，我国已成为世界最大的电解铝生产国。从图 5 - 3 中可以看出，我国的原铝（电解铝）的产量在不断增加，从 2007 年的 1 234 万 t 增加到 2016 年的 3 265 万 t。目前，我国电解铝产量占全球总产量的比例约为 56%，而排名第二的俄罗斯，电解铝产量仅为中国的 11%。我国电解铝的主要生产地区为山东、新疆、内蒙古、河南等省（区），2016 年前四省产量占比约为 65%。

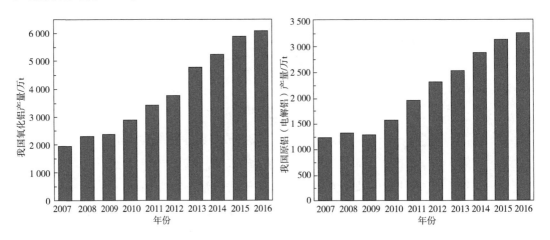

图 5 - 3　我国近 10 年的氧化铝和原铝（电解铝）产量

由于氧化铝的生产过程中无氟化物产生，而电解铝过程中有氟化物的排放，因此本研究仅讨论铝工业中电解铝行业氟化物的排污权核定。

5.1.4.2　电解铝行业主要生产工艺及产污环节

金属铝生产采用的冰晶石—氧化铝熔盐电解法，是目前工业生产金属铝的唯一方法。金属铝主要生产原料是氧化铝、氟化盐（冰晶石、氟化铝等）、碳素阳极。电解铝的生产工艺流程和产污环节如图 5 - 4 所示。

电解铝是在铝电解槽中进行的，电解所用的原料为氧化铝，电解质为熔融的冰晶石，采用炭素阳极。电解作业一般是在 940~960℃下进行，电解的结果是阴极上得到熔融铝和阳极上析出 CO_2。由于熔融铝的密度大于电解质（冰晶石熔体），因而沉在电解质下面的炭素阴极上。熔融铝定期用真空抬包从槽中抽吸出来，运至铸造部经混合炉除渣后由连续铸造机浇铸成铝锭，冷却、打捆后即为成品。槽内排出的气体，通过槽上捕集系统送往电解烟气净化系统处理。

电解槽中发生的反应如下：

$$8[Na_3AlF_6 \longrightarrow 3Na^+ + Al]（冰晶石解离）$$

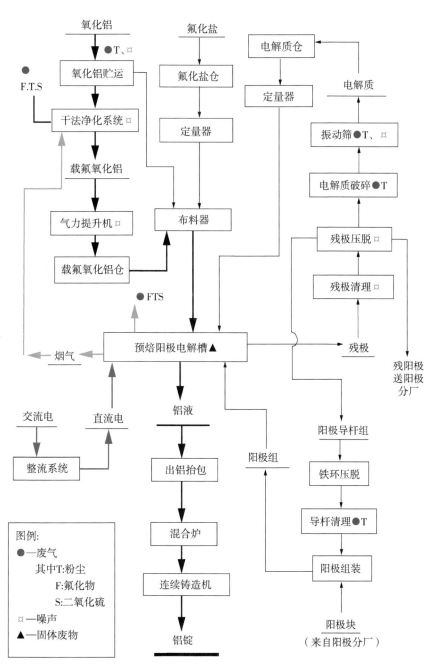

图 5 - 4　电解铝生产工艺流程及排污节点

$$2\left[Al_2O_3 + 4Al \longrightarrow 3Al_2O + 6F^-\right]（氧化铝熔解）$$

$$3\left[2Al_2O + C \longrightarrow CO_2 + 4AlF_3 + 4e^-\right]（阳极反应）$$

$$4\left[Al + 3e^- \longrightarrow Al + 6F^-\right]（阴极反应）$$

$$24\left[Na^+ + F^- \longrightarrow NaF\right]（产生氟化钠）$$

$$8\left[3NaF + AlF_3 \longrightarrow Na_3AlF_6\right]（产生冰晶石）$$

总反应：$$2Al_2O_3 + 3C \longrightarrow 4Al + 3CO_2$$

从电解槽上卸下的残极运至阳极组装车间，经装卸站挂到积放式悬挂输送机上，由悬链吊运残极依次通过残极清理、残极压脱、磷铁环压脱、导杆矫直、钢爪清刷、涂石墨、导杆清刷、浇铸磷生铁等流水作业站，组装出新的阳极组。清理下的电解质由破碎系统破碎至 8 mm 以下，返回电解槽作为阳极覆盖料使用经残极压脱机压下的残极炭块返回阳极生产厂作原料用。钢爪上磷铁环压脱后再经清理滚筒清理后返回中频炉使用。

电解铝企业废气产污节点主要为电解槽，以及混合炉、氧化铝和氟化盐贮运、电解质破碎、阳极组装系统的残极抛丸清理、残极破碎、残极压脱、电解质清理、钢爪抛丸清理、磷铁环压脱、导杆清理、残极处理、中（工）频感应炉等过程。

电解铝生产过程中的产排污节点、排放品及污染因子如表 5 - 6 所示。

表 5 - 6　电解铝行业废气的产排污节点、排放口、污染因子一览表

产排污节点	排放口	排放口类型	排放形式	污染因子
原料系统	装置除尘排放口	一般排放口	有组织排放	颗粒物
电解质破碎系统	装置除尘排放口	一般排放口	有组织排放	颗粒物
阳极组装及残极处理系统	装置除尘排放口	一般排放口	有组织排放	颗粒物
铸造系统	装置除尘排放口	一般排放口	有组织排放	颗粒物
电解槽	烟气治理措施排放口	主要排放口	有组织排放	颗粒物、二氧化硫、氟化物（以 F 计）
锅炉	烟气排放口	主要排放口	有组织排放	颗粒物、二氧化硫、氮氧化物（以 NO_2 计）、汞及其化合物、烟气黑度（林格曼黑度，级）
企业边界			无组织排放	二氧化硫、颗粒物、氟化物（以 F 计）

5.1.4.3　电解铝行业氟化物的产污机理及控制措施

从表 5 - 6 可以看出，电解铝行业氟化物的排放来源于电解槽烟气。电解厂多为 100 台槽以上的大系列生产，电解槽烟气经罩板集气处理后排放，少量经车间天窗排出，形成无组织排放源。

在电解生产过程中，氟化铝、冰晶石等氟化盐，在高温条件下，熔融为电解质，氧化铝熔于电解质，在直流电作用下，发生电化学反应，在阴极析出金属铝，电解质中的氟化物与原料和空气中的水分反应生成 HF，与碳、硅元素反应生成 CF_4、SiF_4 等氟化物，从电解槽散发出来。同时由于电解槽加工操作，造成氟化物粉尘扬散。这些气态和固态氟化物最终随电解火气排放到电解槽外，造成环境污染。电解铝厂一般以

数十台至百余台电解槽为一个系列，电解厂房长度一般在几百米至上千米，对厂区周围影响范围较大。

电解铝厂通常采用氧化铝吸附干法净化工艺治理电解烟气中的氟化物，该工艺是一种高效、经济、先进、成熟的烟气净化技术。其原理是含氟烟气通过排烟总管进入净化反应器，在净化反应器中加入新鲜氧化铝和循环氧化铝进行吸附净化反应，在气固两相充分接触过程中，氟化氢被氧化铝吸附；净化后的烟气进入袋式除尘器，加入的氧化铝以及从电解槽中随烟气带出的粉尘，均在袋式除尘器内被分离下来返回电解槽再次被使用。经过净化后的烟气，通过排烟风机送往烟囱排空。

5.1.4.4　电解铝行业氟化物的排污权核定

（1）电解铝行业氟化物排污权核定方法。

由于《排污许可证申请与核发技术规范 有色金属工业—铝冶炼》（HJ 863.2—2017）中对电解铝行业排污单位废气中氟化物的许可排放量做了规定。废气中的氟化物由电解槽的烟气治理措施排放口排放，为主要排放口，其排污权根据单位产品基准排气量、排放标准浓度限值和产能来确定，计算公式如下：

电解铝行业排污单位氟化物的年许可排放量等于排污单位主要排放口氟化物的年许可排放量。

$$E_{许可} = E_{主要排放口}$$

式中，$E_{许可}$——排污单位年许可排氟量，t；

$E_{主要排放口}$——排污单位主要排放口氟化物年许可排放量，t；

主要排放口年许可排放量用下式计算：

$$E_{主要排放口} = \sum_{j=1}^{n} C \times Q_j \times R_j \times 10^{-9}$$

式中，$E_{主要排放口}$——排污单位主要排放口氟化物年许可排放量，t/a；

C——氟化物许可排放浓度限值，mg/m³；

R_j——第 j 个排放口对应生产设施的主要产品产能，t/a；

Q_j——第 j 个排放口单位产品基准排气量，m³/t 产品。

通过对电解铝行业排污单位氟化物的年许可排放量的核定方法进行分析可知，核定过程中最重要的两个参数为氟化物许可排放浓度限值和单位产品的基准排气量。

氟化物的许可排放浓度限值可参考《铝工业污染物排放标准》（GB 25465—2010），该标准规定的电解槽烟气净化排放口的氟化物浓度为 4.0 mg/m³。根据《铝工业污染物排放标准》（GB 25465—2010）修改规定，位于执行大气污染物特别排放限值地区的电解铝排污单位，电解槽烟气净化排放口的氟化物浓度应低于 3.0 mg/m³。由于《铝工业污染物排放标准》（GB 25465—2010）发布的时间较近，与目前电解铝行业的污染治理水平匹配，因此本研究中氟化物的许可排放浓度限值依据该标准确定。

为了使氟化物的排放量核算更加符合内蒙古自治区的区域性排放特征，本研究主要对电解铝烟气净化系统的单位产品基准排气量进行优化。

根据《铝电解废气氟化物和粉尘治理工程技术规范》（HJ 434—2013），160 kA 槽烟气产生量 99 000 ~ 119 000 m³/t 铝，200 kA 槽烟气产生量 95 000 ~ 111 000 m³/t 铝，300 kA 槽烟气产生量 74 000 ~ 84 500 m³/t 铝，400 kA 槽烟气产生量 64 000 ~ 79 000 m³/t 铝。

根据《第一次全国污染源普查工业污染源产排污系数手册》数据，<160 kA 电解槽工业废气排污系数 160 000 m³/t 铝，≥160 kA 电解槽工业废气排污系数 115 000 m³/t 铝。

根据《排污许可证申请与核发技术规范 有色金属工业—铝冶炼》（HJ 863.2—2017），小于 300kA 电解槽基准烟气量 110 000 m³/t 铝，大于等于 300 kA 小于 400 kA 电解槽基准烟气量 100 000 m³/t 铝，大于 400 kA 电解槽基准烟气量 98 000 m³/t 铝。

本研究通过查阅资料及对比环评报告，收集了若干电解铝企业电解槽的烟气净化系统排烟量数据，详情见表 5 – 7。

表 5 – 7　电解铝烟气净化系统排放口单位产品排气量统计表　　单位：m³/t 铝

序号	项　目	电解槽槽型	单位产品排气量
1	A 项目 1 系列环评验收值	300 kA	102 598
2	A 项目 2 系列环评验收值	350 kA	95 471
3	B 项目环评验收值	400 kA	85 204
4	C 项目环评验收值	400 kA	32 494
5	D 项目环评验收值	400 kA	49 434
6	E 项目 1 系列环评验收值	400 kA	104 480
7	E 项目 2 系列环评验收值	240 kA	85 550
8	E 项目 3 系列环评验收值	200 kA	91 630
9	F 项目 1 系列环评验收值	400 kA	92 078
10	F 项目 2 系列环评验收值	300 kA	90 607
11	F 项目 3 系列环评验收值	330 kA	99 150
12	G 项目环评验收值	500 kA	71 253
13	H1 系列环评报告	300 kA	90 590
14	H2 系列环评报告	350 kA	99 150
15	I 环评报告	400 kA	54 153
16	J 环评报告	400 kA	72 728
17	K 环评报告	500 kA	14 117
18	L 环评报告	500 kA	169 405

电解槽集气罩由水平罩板和数块侧部罩板组成，每块罩板均有细小的缝隙，在风机的抽力作用下，烟气由槽排风口各槽上的支管，然后汇入排烟总管，最终进入电解

烟气净化系统净化处理。为避免电解槽封闭运行时烟气的无组织排放，电解槽槽内形成微负压，因此，电解槽排烟量包括了电解生产产生的气体和吸入槽腔的烟气。在密闭罩内排烟管道抽风口控制风速相同条件下，烟气量与槽的比表面积成正比，槽容量越大，比表面积越小，理论上其单位产品的烟气量就小。鉴于电解烟气净化系统排烟量与电解槽容量相关，槽容量越大，其吨铝排烟量越小，因此，电解烟气净化系统基准烟气量按槽容量分别确定。

根据表 5 - 7 内蒙古自治区若干家电解厂排气量环评数据和环评验收值，有 2 个企业的电解系列电流强度小于 300 kA，其烟气量在 85 550 ~ 91 630 m³/t 铝。按《排污许可证申请与核发技术规范 有色金属工业—铝冶炼》（HJ 863.2—2017），小于 300 kA 电解槽基准烟气量为 110 000 m³/t 铝，考虑环评验收数据通常较正常工况下排气量数据偏小，因此将电流强度 < 300 kA 电解槽基准烟气量拟定为 105 000 m³/t 铝。

有 6 个企业电流强度 300 ~ 350 kA 电解槽的电解烟气净化系统排烟量数据，其烟气量在 90 590 ~ 102 598 m³/铝。按《排污许可证申请与核发技术规范 有色金属工业—铝冶炼》（HJ 863.2—2017），≥300 kA，且 <400 kA 电解槽基准烟气量为 100 000 m³/t 铝，本研究将电流强度≥300 kA，且 <400 kA 电解槽基准烟气量拟定为 100 000 m³/t 铝。

有 10 个企业电流强度≥400 kA 电解槽的电解烟气净化系统排烟量数据，其烟气量在 14 117 ~ 169 405 m³/t 铝，按《排污许可证申请与核发技术规范 有色金属工业—铝冶炼》（HJ 863.2—2017），≥400 kA 电解槽基准烟气量为 98 000 m³/t 铝，本研究将电流强度≥400 kA 电解槽基准烟气量拟定为 95 000 m³/t 铝。

对参数进行优化后的电解铝排污单位电解槽烟气净化系统排气口基准排气量如表 5 - 8 所示。

表 5 - 8　电解铝排污单位主要排放口基准排气量表　　　　单位：m³/t 产品

工　序	电流强度	排放口	基准烟气量
预焙阳极电解槽	< 300 kA	烟气治理措施排放口	105 000
预焙阳极电解槽	300 kA ≤ 电流强度 < 400 kA	烟气治理措施排放口	100 000
预焙阳极电解槽	≥400 kA	烟气治理措施排放口	95 000

（2）电解铝行业氟化物实际排放量的核定方法。

电解铝行业排污单位主要排放口废气污染物和废水污染物实际排放量的核算方法采用实测法。排污许可证要求采用自动监测的排放口或污染因子而未采用自动监测的，采用物料衡算法或产排污系数法核算实际排放量。

物料衡算法只用于核算二氧化硫，根据原辅燃料消耗量、含硫率、硫回收率，按直排进行核算。其他总量许可污染因子采用产排污系数法核算排放量时，可参考《污染源普查工业污染源产排污系数手册（中）》中有色金属冶炼及压延加工业，根据单位产品污染物的排量进行核算。

采用自动监测数据进行核算的基本原则：

1）废气污染源自动监测应符合《固定污染源烟气排放连续监测技术规范》（HJ/T 75—2017）要求，可以采用自动监测数据核算污染物排放量；

2）对于因自动监控设施发生故障以及其他情况导致数据缺失的，废气污染源按照《固定污染源烟气排放连续监测技术规范》进行补遗；

3）缺失时段超过25%的，自动监测数据不能作为核算实际排放量的依据，按照"要求采用自动监测的排放口或污染因子而未采用"的相关规定进行核算。

采用手工监测数据进行核算的基本原则：

1）未要求安装自动监测系统时，可采用手工监测数据进行核算。手工监测数据包括核算时间内的所有执法监测数据和排污单位自行或委托第三方监测机构的有效手工监测数据，排污单位自行或委托的手工监测频次、监测期间生产工况、数据有效性等须符合相关规范等要求；

2）自动监控设施发生故障需要维修或更换，按要求在48h内恢复正常运行的，且在此期间按照《污染源自动监控设施运行管理办法》开展手工监测并报送手工监测数据的，根据手工监测结果核算该时段实际排放量；

3）排污单位提供充分证据证明自动数据缺失、数据异常等不是排污单位责任的，可按照排污单位提供的手工监测数据等核算实际排放量，或者按照上一个半年申报期间的稳定运行期间自动监测数据的均值（废气按照小时浓度均值和半年平均烟气量；

4）排污单位应将手工监测时段内生产负荷与核算时段内的平均生产负荷进行对比，并给出对比结论。

（3）排污单位手工监测应符合国家有关环境监测、计量认证规定和技术规范。若同一时段的手工监测数据与执法监测数据不一致，以执法监测数据为准。

（4）对于未能按要求及时恢复设施正常运行的，采用物料衡算法或产污系数法按照直排核算该时段实际排放量。

（5）氟物化实际排放量的核算

1）实测法。根据符合《固定污染源烟气排放连续监测技术规范》的有效自动监测和手工监测污染物的小时平均排放浓度、平均烟气量、运行时间核算污染物年排放量。

氟化物的实际排放量计算公式如下。

$$E_k = \sum_{i=1}^{n} C_i \times q_i \times 10^{-9}$$

式中，E_k——核算时段内第k个排放口氟化物的实际排放量，t；

C_i——为第k个排放口在第i小时的实测平均排放浓度，mg/m³；

q_i——第k个排放口第i小时的标准状态下干排气量，Nm³/h；

n——为核算时段内的污染物排放时间，h。

2）非正常情况。炉窑启停等非正常排放期间污染物排放量可采用实测法或产污系数直排核算。

5.2 规模化畜禽养殖行业污染物核算方法

5.2.1 行业污染物排放概况

5.2.1.1 内蒙古自治区水体污染物排放情况

通过对 2016 年内蒙古自治区工业企业污染排放及处理利用情况和大型畜禽养殖场废弃物产生及处理利用情况的环境统计数据进行分析,内蒙古自治区 2016 年主要行业的水体污染物排放情况如图 5 - 5 所示。

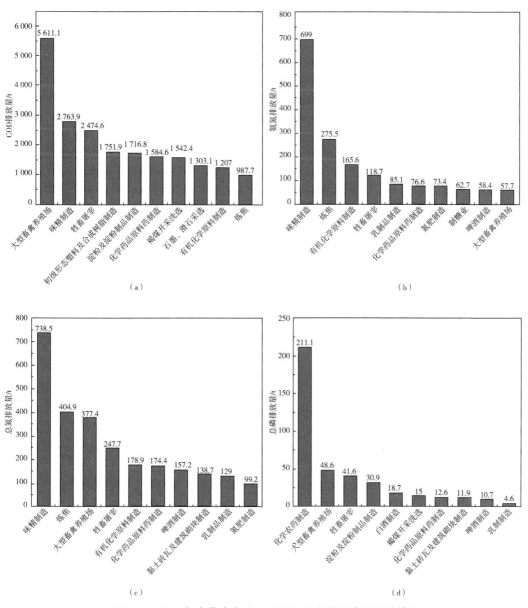

图 5 - 5　2016 年内蒙古自治区主要行业水体污染物排放情况

由图 5－5 可知，2016 年内蒙古自治区大型畜禽养殖场的 COD 排放量达到 5 611.1 t，是排放量居于第二位的味精制造行业的两倍。大型畜禽养殖场总氮和总磷的排放量分别为 377.4 t 和 48.6 t，分别居内蒙古自治区第三位和第二位。此外，COD、氨氮、总氮、总磷的排放量均居于前十的行业有大型畜禽养殖场、牲畜屠宰和化学药品原料制造三个行业。

近年来，全国水污染防治形势面临新的变化，总磷逐渐成为重点湖库、长江经济带地表水首要污染物，无机氮、磷酸盐成为近岸海域首要污染物，部分地区氮、磷污染上升为水污染防治的主要问题，成为影响流域水质改善的突出瓶颈。

根据生态环境部《关于加强固定污染源氮磷污染防治的通知》（环水体〔2018〕16 号），依据《固定污染源排污许可分类管理名录（2017 年版）》，综合考虑历年环境统计氮磷排放数据、行业氮磷实际排放强度、行业企业数量规模等因素，肥料制造、屠宰及肉类加工、农药制造、基础化学原料制造等行业，以及污水集中处理设施、规模化畜禽养殖场等行业被列为氮磷排放重点行业。

内蒙古自治区的呼伦湖和乌梁素海均已纳入国家《水污染防治行动计划》《"十三五"生态环境保护规划》和《重点流域水污染防治规划（2016—2020 年）》重点湖库水污染综合治理范围。为了实现呼伦湖和乌梁素海的水质提升，必须高度重视氮磷污染防治工作，以重点行业企业、污水集中处理设施、规模化畜禽养殖场氮磷排放达标整治为突破口，强化固定污染源氮磷污染防治，以实施排污许可制为契机和抓手，严格控制并逐步削减重点行业氮磷排放总量，推动流域水质改善。

综合考虑内蒙古自治区各行业污染物排放的实际情况及生态环境部发布的总氮、总磷排放重点行业，本研究选择规模化畜禽养殖业作为内蒙古自治区的典型行业，进行排污权核定方法的研究。

5.2.1.2 我国畜禽养殖业发展概况

我国是农业大国，更是世界畜禽第一生产大国和消费大国，畜禽养殖是我国农业的支柱产业，生猪养殖量占世界总量的 50%，禽类养殖占世界总量的 1/3，肉类总产量约占世界的 30%。随着经济的发展和人民生活水平的不断提高，畜禽产品的需求量进一步增大，畜禽养殖业向专业化、规模化迅猛发展。通过对全国畜牧业统计年鉴进行分析可知，2006—2015 年我国主要畜禽品种养殖情况如图 5－6、图 5－7 所示。

由图 5－6 可知，2006—2015 年，我国主要畜禽品种生猪、牛、家禽（包括蛋鸡、肉鸡、鸭、鹅）、羊养殖量均呈稳定增长趋势，其中家禽养殖量增长尤为显著，生猪养殖虽然在某些特定的时间区域内因受市场价格影响有所浮动，但总体增长趋势同样显著。2006—2015 年，全国生猪出栏量由 61 207 万头增长至 70 825 万头，增长率为 15.71%；家禽出栏量由 930 500 万只增长至 1 198 700 万只，增长率达到了 28.82%；肉牛出栏量由 4 222 万头增长至 5 003 万头，增长了 18.50%；奶牛存栏量由 1 363 万头增长至 1 507 万头，增长率为 10.56%；相对其他四类畜禽品种而言增长较缓慢；羊出栏量由 24 733.89 万只增长至 29 472.70 万只，增长率为 19.16%。从近十年主要畜禽品种养殖数据可以看出，我国畜禽养殖业一直呈现良好发展态势。除上述五类畜禽品

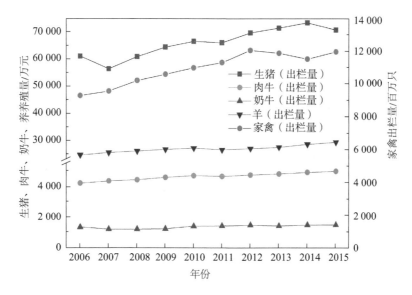

图 5-6　2006—2015 年全国主要畜禽品种养殖情况

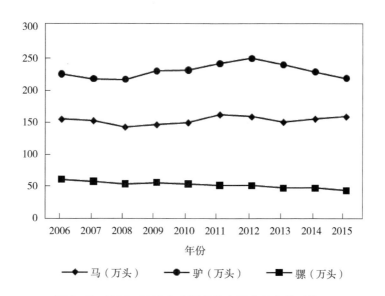

图 5-7　2006—2015 年全国其他主要大牲畜养殖情况

种外，纳入我国畜牧业统计年鉴的畜禽品种还有马、驴、骡、骆驼、兔。而由图 5-7 可知，2006—2015 年，我国大牲畜马、驴、骡的养殖量均保持较稳定的状态，养殖量相对五类畜禽而言较小，且通过资料调查、现场调研可知，此三类大牲畜在全国范围内大多以散养、放养为主，不在排污许可管理范围内；兔子养殖量 10 年间保持缓慢增长趋势，2015 年养殖量为 52 356.9 万只，但兔子养殖污染物产生量小，基本无污水产生，对环境影响风险小，因此，在本研究中，主要考虑规模化生猪、肉牛、奶牛、肉鸡、蛋鸡、鸭、鹅、羊养殖场（小区）的排污权的核定。

5.2.1.3　我国畜禽养殖业区域分布现状

通过对 2016 年全国畜牧业统计年鉴的分析可知，2015 年我国各省、内蒙古自治区、直辖市五类主要畜禽养殖区域分布情况如图 5-8 所示。

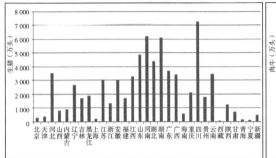
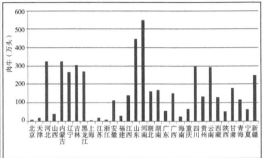

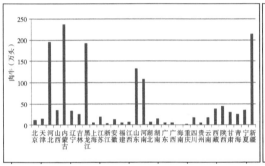
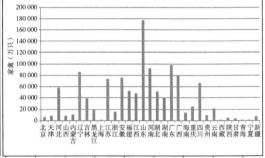

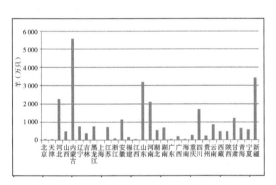

图 5-8　2015 年全国主要畜禽养殖区域分布情况

由图 5-8 可知，我国生猪养殖主要分布在中部、中东部地区，其中四川、河南、湖南、山东、湖北养殖量最大，北部地区以河北、辽宁两省养殖量居多，西部地区整体养殖量偏少，西藏、青海、宁夏养殖量最少。肉牛养殖量以山东、河南两省最多，北部地区以及四川、云南、新疆等区域居其次，北京、上海、浙江养殖量最少。奶牛养殖集中分布在内蒙古、新疆、河北、黑龙江等省份，南方地区分布较少。家禽养殖同样以中部、中东部地区为主，其中山东省养殖量最大，西部地区养殖量最少。羊养殖集中分布在内蒙古地区，河北、山东、河南、四川、新疆等地居其次，其他区域养殖量均较少。综合而言，内蒙古、山东、河北、河南、四川、湖南、广东等地是我国畜禽养殖集中分布的区域，其中内蒙古自治区的奶牛和羊的养殖量居全国第一。

5.2.1.4 内蒙古自治区畜禽养殖业发展概况

内蒙古自治区拥有丰富的草地、耕地资源，是全国重要的畜产品生产输出基地，畜牧业作为本地区经济社会的重要支柱产业。通过对全国畜牧业统计年鉴进行分析，2006—2015 年内蒙古自治区畜禽品种养殖情况如图 5-9 所示。

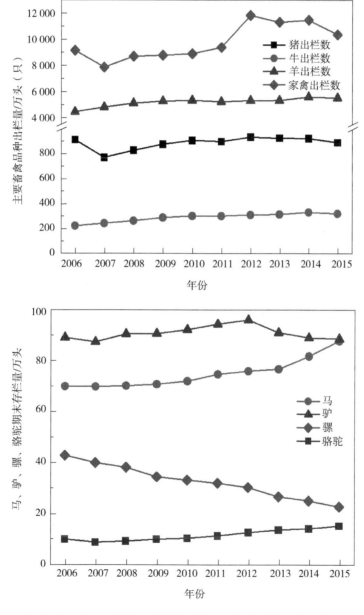

图 5-9　2006—2015 年内蒙古自治区主要畜禽品种养殖情况

由图5-9可知，2006—2015年，内蒙古自治区主要畜禽品种牛、家禽（包括蛋鸡、肉鸡、鸭、鹅）、羊养殖量均呈稳定增长趋势，生猪的养殖量基本保持稳定，家禽养殖虽然在某些特定的时间区域内因受市场价格影响有所浮动，但总体增长趋势同样显著。2006—2015年，内蒙古生猪出栏量由918万头减少至899万头，下降了2.1%；家禽出栏量由9 192万只增长至10 439万只，增长率达到了13.6%；牛出栏量由228万头增长至326万头，增长率为43.3%；羊出栏量由4 513万只增长至5 596万只，增长率为24.0%。从近10年主要畜禽品种养殖数据可以看出，内蒙古畜禽养殖业一直呈现良好发展态势。由图5-9可知，2006—2015年，内蒙古大牲畜马和骆驼的养殖量均呈增长趋势，马的养殖量由69.8万头增长至87.7万头，增长率为25.6%；骆驼的养殖量由9.6万头增长至14.9万头，增长率为55.3%。驴的养殖量基本不变，而骡的养殖量由42.6万头下降至22.5万头，下降了47.2%。

5.2.2 内蒙古自治区畜禽养殖方式概况

5.2.2.1 畜禽养殖方式

我国的畜禽养殖主要有舍饲和放牧两种方式，舍饲对草场的面积和土地的需求相对较小，是比较普遍的养殖方式，而放牧则需要大面积的草场。饲料的供给方式、圈舍的设施建设和粪便的清运强度等需求因为畜禽养殖方式的不同而存在明显的差异。虽然在全国范围内，减排五类畜禽是以舍饲为主，但在内蒙古、新疆、西藏等地，肉牛和奶牛还是存在放牧养殖方式。

内蒙古自治区有着天然的草场资源，牧民也保留着最传统的生活习惯。奶牛和肉牛在五类畜禽中也有着与其他地区不同的养殖方式，除舍饲外，放牧养殖也占很大的比重。有放牧养殖的旗县主要集中在呼伦贝尔市、乌兰察布市、锡林郭勒盟等地区，具体见表5-9。

表5-9 区县放牧养殖情况统计表

盟市	序号	旗县	地区类型	畜禽类型
赤峰市	1	翁牛特旗	农牧区	奶牛
	2	喀喇沁旗前旗	农牧区	肉牛
	3	科尔沁右翼中旗	牧区	肉牛
	4	敖汉旗	农牧区	奶牛
	5	元宝山区	农牧区	肉牛、奶牛
鄂尔多斯市	1	达拉特旗	农区	奶牛
	2	鄂托克前旗	牧区	肉牛
	3	伊金霍洛旗	农牧区	奶牛
	4	乌审旗	农牧区	肉牛、奶牛
通辽市	1	库伦旗	牧区	奶牛
	2	奈曼旗	牧区	肉牛
	3	扎鲁特旗	牧区	肉牛

盟市	序号	旗县	地区类型	畜禽类型
呼伦贝尔市	1	阿荣旗	农牧区	肉牛、奶牛
	2	海拉尔区	农区	奶牛
	3	扎兰屯区	农牧区	肉牛、奶牛
	4	额尔古纳市	农牧区	肉牛、奶牛
	5	鄂温克旗	牧区	肉牛、奶牛
	6	陈巴尔虎旗	牧区	奶牛
	7	新巴尔虎左旗	牧区	肉牛、奶牛
	8	牙克石市	农林区	肉牛、奶牛
	9	鄂伦春自治旗	农牧区	肉牛、奶牛
	10	新巴尔虎右旗	牧区	肉牛
兴安盟	1	乌兰浩特市	农牧区	肉牛、奶牛
	2	阿尔山市，前旗	农牧区	奶牛
	3	扎赉特旗	牧区	肉牛
锡林郭勒盟	1	锡林浩特市	牧区	奶牛
	2	多伦县	牧区	肉牛、奶牛
	3	正蓝旗	农牧区	肉牛、奶牛
	4	镶黄旗	牧区	奶牛
	5	正镶白旗	农牧区	肉牛、奶牛
	6	阿巴嘎旗	牧区	肉牛
	7	太仆寺旗	农牧区	肉牛、奶牛
	8	苏尼特右旗	农牧区	奶牛
	9	西乌珠穆沁旗	牧区	奶牛
乌兰察布盟	1	察哈尔右翼前旗	农区	奶牛
	2	察哈尔右翼后旗	农牧区	奶牛
	3	丰镇市	农区	奶牛
	4	集宁区	农区	肉牛、奶牛
	5	卓资县	农牧区	奶牛
	6	化德县	农区	奶牛
	7	商都县	农区	肉牛
	8	兴和县	农区	奶牛
	9	凉城县	农区	肉牛、奶牛
	10	四子王旗	农牧区	肉牛、奶牛
巴彦淖尔市	1	杭锦后旗	农牧区	奶牛
	2	磴口县	农牧区	肉牛、奶牛
阿拉善盟	1	阿拉善左旗	农牧区	肉牛、奶牛

由表 5 - 9 可以看出, 奶牛和肉牛的养殖方式以放牧的旗县为主总共有 47 个地区。这些地区是内蒙古自治区主要的牧区和农牧区。

5.2.2.2　放牧排泄物的主要消纳方式

内蒙古自治区是全国的五大牧区之一, 奶牛和肉牛的养殖量也是全国最高的, 放牧这种养殖方式十分普遍。放牧是使草食动物在人工管护下采食草原牧草, 并使排泄物在草原上自然消纳。这种养殖方式不但使畜禽获得充足的阳光和运动, 提高了它们的健康程度和生产能力, 而且污染物也由土地自然消纳, 一定程度地减少了污染物和污染防治成本。

放牧产生的粪便绝大多数散落并被土地自然消纳, 剩下的部分则通过其他三种方式处理: 被当作燃料燃烧, 返回田地当作肥料使用, 出售后用作制肥原料。现场调研中, 我们发现当地的养殖户普遍都通过燃烧的方式处理粪便, 21 个养殖场有 85% 以上都将粪便当作燃料燃烧使用, 而通过种养结合、循环利用将粪便还田的有 6 家, 制肥处理的有四家。详见表 5 - 10。

表 5 - 10　放牧养殖粪便处理方式

盟市	养殖场名称	畜禽类型	粪便处理方式
呼伦贝尔市	一五××现代化农场	奶牛	燃料、还田
	生发××××牛养殖场	肉牛	燃料
	鄂伦春自治旗甘河镇×××养牛场	肉牛	燃料
	巴图××嘎拉	奶牛	出售
	×××奶牛养殖场	奶牛	燃料
赤峰市	×××奶牛养殖小区	奶牛	燃料、还田
	×××肉牛养殖场	肉牛	燃料
锡林郭勒盟	锡林浩特市××畜牧业有限责任公司	奶牛	燃料
	×××民族置业有限责任公司养殖场	肉牛	燃料
	赛汉镇×××移民示范园区	奶牛	燃料
	××××奶牛养殖小区	奶牛	燃料
	太仆寺××××肉牛养殖场	肉牛	燃料
	稳都×××养殖小区	奶牛	燃料
	正蓝旗×××奶牛养殖专业合作社	奶牛	燃料
	内蒙古×××牛业有限公司	肉牛	燃料
兴安盟	扎赉特旗×××育肥牛养殖场	肉牛	燃料、还田、出售
	阿尔山市×××乳业农民发展合作社	奶牛	燃料、还田
	×××奶牛养殖场	奶牛	燃料、出售
通辽	阿日昆都楞镇×××养牛场	肉牛	还田
	八仙筒镇提木筒×××育肥牛场	肉牛	燃料
	×××奶牛养殖场	奶牛	还田、出售

将牲畜粪便当作燃料处理方便经济、不存在运输成本,而且可以使粪便得到充分利用。农民是以效益为先的,在种植经济作物的时候,他们首先考虑的就是施用化肥,很少利用粪便实现种养结合。调查的对象缺乏相关产业发展引导,对循环利用的意识非常浅薄,所以调查整体表现出以燃烧为主的现象。

5.2.2.3 放牧时间分析

放牧养殖的高峰期主要在夏季和秋季,每年的放牧养殖时间大概为6个月,每天的放牧时间基本为14 h,每年的育肥期有3~6个月,在这期间是不进行放牧养殖的,属于舍饲阶段,表5-11为实地调研放牧时间。结合放牧时间、载畜量、育肥期等各方面因素,按照公式计算得出结果表5-12放牧时间比例。

表5-11　放牧时间表

盟市	养殖场名称	放养时间	圈养时间
呼伦贝尔市	一五××现代化农场	6—9月	10月—次年5月
	生发×××牛养殖场	6—10月	11月—次年5月
	鄂伦春自治旗甘河镇×××养牛场	7—10月	11月—次年6月
	巴图××嘎拉	6—9月	10月—次年5月
	×××奶牛养殖场	7—9月	10月—次年6月
赤峰市	×××奶牛养殖小区	5—11月	12月—次年4月
	×××肉牛养殖场	6—11月	12月—次年5月
锡林郭勒盟	锡林浩特市××畜牧业有限责任公司	5—11月	12月—次年4月
	×××民族置业有限责任公司养殖场	5—11月	12月—次年4月
	赛汉镇××移民示范园区	5—11月	12月—次年4月
	××××奶牛养殖小区	5—11月	12月—次年4月
	太仆寺××××肉牛养殖场	6—11月	12月—次年5月
	稳都×××养殖小区	6—11月	12月—次年5月
	正蓝旗×××奶牛养殖专业合作社	6—10月	11月—次年5月
	内蒙古×××牛业有限公司	6—11月	12月—次年5月
兴安盟	扎赉特旗×××育肥牛养殖场	5—11月	12月—次年4月田、出售
	阿尔山市×××乳业农民发展合作社	5—11月	12月—次年4月
	×××奶牛养殖场	5—11月	12月—次年4月
通辽	阿日昆都楞镇×××养牛场	6—12月	1—5月
	八仙筒镇提木筒×××育肥牛场	6—12月	1—5月
	×××奶牛养殖场	6—12月	1—5月

表 5 – 12 放牧时间比例

盟市	养殖场名称	各牧场放牧时间比例
呼伦贝尔市	一五××现代化农场	19.18%
	生发×××牛养殖场	23.97%
	鄂伦春自治旗甘河镇××养牛场	19.18%
	巴图××嘎拉	19.18%
	×××奶牛养殖场	14.38%
赤峰市	×××奶牛养殖小区	33.56%
	×××肉牛养殖场	28.77%
锡林郭勒盟	锡林浩特市×××畜牧业有限责任公司	33.56%
	×××民族置业有限责任公司养殖场	33.56%
	赛汉镇××移民示范园区	33.56%
	××××奶牛养殖小区	33.56%
	太仆寺××××肉牛养殖场	28.77%
	稳都×××养殖小区	28.77%
	正蓝旗×××奶牛养殖专业合作社	23.97%
	内蒙古×××牛业有限公司	28.77%
兴安盟	扎赉特旗×××育肥牛养殖场	33.56%
	阿尔山市×××乳业农民发展合作社	33.56%
	×××奶牛养殖场	33.56%
通辽	阿日昆都楞镇×××养牛场	33.56%
	八仙筒镇提木筒×××育肥牛场	33.56%
	××奶牛养殖场	33.56%
平均值		28.77%

由表 5 – 12 可知，放牧时间比例范围为 14.38% ~ 33.56%，放牧时间比例在 14.38% 的牧场占总样本数的 4.76%，放牧时间比例在 19.18% 的牧场占总样本数的 14.29%，放牧时间为 23.97% 的牧场占总样本数的 9.5%，放牧时间为 28.77% 的牧场占总样本数的 19.05%，放牧时间为 33.56% 的牧场占总样本数的 52.38%。21 个牧场的平均放牧时间比例为 28.77%。

5.2.3 畜禽养殖粪污处理现状

5.2.3.1 畜禽养殖业产排污情况

畜禽养殖业产生的水污染物主要来源于畜禽粪便及冲洗粪便产生的污水。畜禽粪尿排泄量因畜种、养殖场性质、饲养管理工艺、气候、季节等情况的不同会有较大的差别。例如，牛的粪尿排泄量明显高于其他畜禽粪尿排泄量；禽类粪尿混合排出，故其总氮较其他家禽高；夏季饮水量增加，禽粪的含水率显著提高等。畜禽养殖污染物的产生量较大，如不严加控制，其对环境的影响将很大。除畜禽粪便外，畜禽养殖的污水还主要包括清理粪便的冲洗水和少量工人生活生产过程中产生的污水。养殖场产生的污水量及其水质因畜种、养殖场性质、饲养管理工艺、气候、季节等情况不同会有很大差别。如肉牛场污水量比奶牛场少；鸡场的污水量比猪场少；采用乳头式饮水器的鸡场比水槽自流饮水者污水量少；各种情况相同的养殖场，南方污水比北方污水量大；同一养殖场夏季比冬季污水量大等。冲洗方式与污水产量及污水性质有较大的关系，采用水冲或水泡粪工艺比干清粪工艺的污水量大，并且采用干清粪方式的养殖场污水通常会比水冲粪方式养殖场污水中的 COD 浓度低一个数量级，其他指标通常也会相差 3~6 倍，若能控制猪场冲洗用水量，则可大大减少猪场的污水产生量和排放量。

由于养殖场养殖种类不同，清粪方式不同，用水量不同，故其污水中污染物浓度会有很大差异。如养猪场 COD 的浓度一般达 5 000~10 000 mg/L，氨氮的浓度达 100~600 mg/L；而养牛场排放污水中 COD 浓度达 6 000~25 000 mg/L，氨氮的浓度达 300~1 400 mg/L。

5.2.3.2 畜禽养殖清粪方式

（1）干清粪。

人工干清粪，人工干清粪就是靠人利用清扫工具将畜禽舍内的粪便清扫收集，再由机动车或人力车运到粪便堆放场。人工干清粪只需一些清扫工具、人工清粪车等，设备简单、无耗能、一次性投资少。还可以做到粪尿分离。其缺陷是劳动强度大、生产率低。人工干清粪适合于各种规模的养殖场，特别适合于中、小规模的养殖场，对刚起步或资金短缺的养殖户来说，宜采用人工干清粪方式。干清粪通用的工具为铁锹、叉、铲板、扫把、刷子、加压冲洗机以及其他手工工具。其设备投资一般为 0.15~2.0 万元，人力工资大致上与清除的干粪价值相当。需要注意的是，养猪场必须严格限制用水。不允许水冲粪，尽量减少水洗圈的次数。按规定，干清粪模式每出栏一头猪，日产生污水冬天不超 12 L、夏天不得多于 18 L。

机械干清粪，机械干清粪目前主要有链式刮板清粪机和往复式刮板清粪机等机械。机械干清粪的缺点是一次性投资较大，运行维护费用较高；机械清粪现主要用于养鸡、养牛场，而在生猪养殖应用较少，但在国内已有一批大型规模化养猪场建设并运行了机械干清粪设施，且运行正常。机械设备一次性投资较大，运行成本相对较高。采用机械清粪方式不仅可提高粪便收集率，也可降低人工劳动强度，在大型规模化养殖场采用将产生较好经济效益和环境效益。采用干清粪工艺，从源头上大量削减了污染物的排放量，是畜禽粪便资源化利用的基础，也是降低畜禽养殖对环境影响的一种经济有效的方式，其粪便清出率可达 70% 以上。

（2）水泡粪。

水泡粪清粪（自流式清粪），它是在缝隙地板下设粪沟，粪沟底部做成一定坡度，粪便在冲洗猪舍水的浸泡和稀释下成为粪液（粪水混合物），在自身重力作用下流向端部的横向粪沟，待沟内积存的粪尿和水达到一定程度时（夏天1～2个月，冬天2～3个月）提起沟端的闸门排放沟中的粪水。这种方式，粪便与尿液在粪池储存过程中会发生厌氧或兼氧反应使污染物浓度降低，可提高劳动效率、降低劳动强度，但水泡粪耗水耗能多，舍内卫生状况将变差（潮湿、有害气体浓度提高），更主要的是，粪中的可溶性有机物溶于水，使水中污染物浓度增高，增加了污水处理难度。因此，不管从养殖环境和污染物治理难易程度两方面都不宜采用水泡粪工艺，对现有水泡粪工艺的养殖场要逐步改为干清粪工艺。

（3）水冲粪。

水冲式清粪指在缝隙地板下设粪沟（沟底有坡度），每天多次用水将栏舍内粪污冲出舍外。水冲式清粪的优点是设备简单、投资较少、劳动效率高、工作可靠、故障少，易于保持舍内卫生。水冲粪工艺水量消耗大、产生污水多、流出的粪便为液态、粪便处理难度大，也给粪便资源化利用造成困难，粪便中的可溶性有机物大部分溶解于水中，大大增加水污染物的负荷。这种方式从环境保护的角度上讲是必须严格控制的一种高污染清粪方式。现有存在水冲养殖方式的养殖场必须进行改造，采用干清粪工艺。

5.2.3.3 我国畜禽养殖粪污处理概况

我国畜禽养殖污染防治起步较晚，前期因规模化水平较低，大部分畜禽以散养方式与土地配套，有效地实现种养平衡，畜禽粪污基本得到还田利用，随着畜禽规模化发展水平的提高，畜禽养殖逐步脱离种植业而相对独立，养殖场基本没有配套粪污消纳的土地，养殖粪污成为一种污染物，随意堆放或排放造成对环境的影响。目前在我国主要污染物排放量中，农业源排放的COD、氮、磷等主要污染物量已远超过工业与生活源，根据第一次全国污染源普查结果显示，农业源COD、总氮、总磷排放量分别为1 324.09万t、270.46万t、28.47万t，其中畜禽养殖污染物排放量占比最重，COD、总氮、总磷排放量分别占到了95.78%、37.89%、56.34%；根据2015年中国环境统计年报，农业源COD、氨氮排放量分别为1 068.6万t、72.6万t，其中畜禽养殖业COD排放占比达到了95%、氨氮达76%。随着规模化畜禽养殖的迅速发展，其污染物排放总量越来越大，处理和利用难度增大。

2010年前，我国对畜禽养殖污染防治最初采用工业化治理的思路，对大型规模养殖场污水采用厌氧+好氧+自然处理方式，要求污水达标排放，各地建设了一批养殖污水处理工程，但从现场调研情况看，因养殖行业的特殊性、养殖业从业人员专业技术水平等问题，大部分工业化处理设施不能正常运行。自"十二五"以来，国家调整养殖污染防治思路，提出以"种养平衡"为前提、资源化利用为主体的防治模式，在此指导思路下，各地大力建设养殖粪污储存，无害化处理与还田利用设施。据相关统计当前我国规模化畜禽养殖场采用粪污资源化利用模式处理粪污的养殖场达到90%以上，从运行效果和处理成本上看，该种模式均得到广大养殖企业的接受和认同。但在资源化利用中也出现了不少问题和困惑，主要表现在以下几个方面：①前期缺乏合理规划，种养不平衡，养殖场产生的粪污无法就近就地利用，超过土地承纳能力的现象大量存在；②养殖场粪污处理设施建设基础差，大部分养殖场无法实现养殖粪污的无害化处理和有效储存；③国家对养殖粪污还田利用缺乏标准指导，粪污还田利用监督管理难度大。目前，养殖污染已成为影响我国水环境的主要因素之一，加强对规模化畜禽养殖场（小区）环境管理，减少农业源污染物排放总量、改善和提高农业环境质量是当前畜禽养殖污染防治的首要任务。

5.2.3.4 畜禽养殖污染治理主要单元技术

（1）前处理技术。

畜禽养殖污染治理前处理技术主要包括格栅、固液分离设施、沉砂池、沉淀池等。其中固液分离是目前处理效果最好、应用较广的前处理技术，其分为自流式滤粪（柜）系统和固液分离机。自流式滤粪（柜）系统由多个不锈钢滤网并联组合而成，利用地势高低差的水头压力，将粪水经PVC管（管径约110 mm）自流注入滤粪柜，粪水在重力作用下经滤网析出，粪渣则被截留于粪柜内。每天排放100t污水的养殖场，可配套安装12~16个滤粪柜，每个柜长、宽、高分别约1 m、0.8 m和0.6 m。运行时，每次同时开启3~4个滤粪柜为一个工作组，当一组滤粪柜积满粪渣后即停止使用，同时启用另一组滤粪柜，待停用的滤粪柜内的粪渣自行沥干后予以清除，如此循环往复轮换使用。由于该滤粪（柜）系统为自流式且自行沥干柜内的粪渣，其TS（总悬浮固体）去除率可达60%以上，粪便中的大部分营养被截留并分离出来。固液分离机应用于畜禽养殖固液分离的主要有离心分离机、挤压式螺旋分离机。离心分离机就是一种通过提高加速度来达到良好固液分离效果的固液分离设备，但需要消耗大量的电能，因而运行成本大大增加。卧式离心分离机是一种典型的离心沉降设备，可用于畜禽场粪水的固液分离，当粪水中的含固率为8%时，TS的去除率可达到60%左右。挤压螺旋式分离机是一种较为新型的固液分离设备，粪水固液混合物从进料口被泵入挤压式螺旋分离机内，安装在筛网中的挤压螺旋以30 r/min的转速将要脱水的原粪水向前携进，其中的干物质通过与机口形成的固态物质固柱体相挤压而被分离出来，液体则通过筛网筛出。经处理后的固态物含水量可降到65%以下，再经发酵处理，掺入不同比例的氮、磷、钾，可制成高效广谱的复合有机肥，是蔬菜园区的专用肥料。

（2）厌氧处理技术。

连续搅拌反应器（CSTR）技术。CSTR技术是指在一个密闭厌氧消化池内完成料液的发酵、产生沼气的技术。其是在常规反应器内安装了搅拌装置，使发酵原料和微生物处于完全混合状态，与常规反应器相比，使活性区遍布整个反应器，其效率比常规反应器有明显提高，故名高速反应器。该反应器采用连续恒温连续投料或半连续投料运行，适用于高浓度及含有大量悬浮固体原料的处理。在反应器内，新进入的原料由于搅拌作用很快与发酵器内的全部发酵液混合，使发酵底物浓度始终保持相对较低状态，而其排出的料液又与发酵液的底物浓度相等，并且在出料时微生物也一起排出，所以，出料浓度一般较高。该反应器是典型的HRT（水力停留时间）、SRT（污泥滞留时间）和MRT（微生物滞留时间）完全相等的反应器，为了使生长缓慢的产甲烷菌的增殖和冲出的速度保持平衡，所以要求HRT较长，一般要10~15 d或更长的时间。

升流式厌氧污泥床（UASB）。UASB 反应器内分为 3 个区，从下至上为污泥床、污泥层、气、液、固三相分离器。反应器的底部是浓度很高并具有良好沉淀性能和凝聚性的絮状或颗粒状污泥形成的污泥床。污水从底部经布水管进入污泥床，向上穿流并与污泥床内的污泥混合，污泥中的微生物分解污水中的有机物，将其转化为沼气。沼气以微小的气泡形式不断放出，并在上升过程中不断合并成大气泡。在上升的气泡和水流的搅动下，反应器中部的污泥处于悬浮状态，形成一个浓度较低的污泥悬浮层。反应器的上端设有气、液、固三相分离器，在反应器内生成的沼气气泡受反射板的阻挡进入三相分离器下面的气室内，再由管道经水封而排出。固液混合液经分离器的窄缝进入沉淀区，在沉淀区内由于污泥不再受到气流的冲击，在重力的作用下沉淀。沉淀至斜壁上的污泥沿着斜壁滑回污泥层内，使反应器内积累大量污泥。分离后的液体，从沉淀区上表面进入溢流槽而流出。

升流式固体反应器（USR）。USR 反应器是指原料从底部进入反应器内，与反应器里的厌氧微生物接触，使原料得到快速消化的技术，是一种结构简单，适用于高浓度悬浮固体的原料反应器。原料从底部进入反应器内，反应器内不需要安装三相分离器，不需要污泥回流，也不需要完全混合式那样的搅拌装置。未消化的生物固体颗粒和沼气发酵微生物，靠被动沉降滞留于反应器内，上清液从反应器上部排出，这样就可以得到比 HRT 高得多的 SRT 和 MRT，从而提高了固体有机物的分解率和反应器的效率。

（3）好氧处理技术。

完全混合活性污泥法。完全混合活性污泥法是一种人工好氧生化处理技术。废水经初次沉淀池后与二次沉淀池底部回流的活性污泥同时进入曝气池，通过曝气废水中的悬浮胶状物质被吸附，可溶性有机物被微生物代谢转化为生物细胞，并被氧化成为二氧化碳等最终产物。曝气池混合液在二次沉淀池内进行分离，上层出水排放，污泥部分返回曝气池，剩余污泥由系统排出。完全混合活性污泥法停留时间一般为 $4 \sim 12$ d，污泥回流比通常为 $20\% \sim 30\%$。生化需氧量（BOD_5）有机负荷率一般为 $0.3 \sim 0.8 \ kg/(m^3 \cdot d)$，污泥龄 $2 \sim 4$ d。

序批式活性污泥法（SBR）。SBR 工艺是通过程序化控制进水、反应、沉淀、排水和闲置 5 个阶段，实现对废水的生化处理。SBR 反应器可分为限制曝气、非限制曝气和半限制曝气 3 种。限制曝气是污水进入曝气池只作混合而不作曝气；非限制曝气是边进水边曝气；半限制曝气是污水进入的中期开始曝气，在反应阶段，可以始终曝气，也为生物脱硫，也可以曝气后搅拌，或者曝气、搅拌交替进行，其剩余污泥可以在限制阶段排放，也可在进水阶段或反映阶段后期排放。其具有较高的脱氮除磷效果，反应过程基质浓度梯度大，反应推动力大，处理效率高。

接触氧化法。接触氧化法是一种兼有活性污泥法和生物膜法特点的一种新的废水生化处理法。这种方法的主要设备是生物接触氧化滤池，在不透气的曝气池中装有焦炭、砾石、塑料蜂窝等填料，填料被水浸没，用鼓风机在填料底部曝气充氧，这种方式称为鼓风曝气；空气能自下而上，夹带待处理的废水，自由通过滤料部分到达地面，空气逸走后，废水则在滤料间格自上向下返回池底。活性污泥附在填料表面，不随水流动，因生物膜直接受到上升气流的强烈搅动，不断更新，从而提高了净化效果。生物接触氧化法具有处理时间短、体积小、净化效果好、出水水质好而稳定、污泥不需回流也不膨胀、耗电小等优点。

（4）自然处理技术。

对于养殖废水处理而言，自然处理技术即进一步去除 N、P 等营养性污染物的过程，主要包括土地处理技术和氧化塘处理技术，按运行方式的不同，土地处理技术可分为慢速渗滤处理、快速渗滤处理、地表漫流处理和湿地处理等技术。氧化塘按照优势微生物种属和相应的生化反应的不同，可分为好氧塘、兼性塘、曝气塘和厌氧塘四种类型。自然处理技术不能用于处理高浓度的废水，因此，在养殖废水的处理中仅用于经厌氧、好氧处理后的废水进一步深度脱氮除磷，这些处理方式受土地条件、自然条件影响较大。

（5）畜禽粪便处理技术。

畜禽粪便处理技术主要有厌氧消化技术、好氧堆肥技术、生物发酵床技术，此外还包括畜禽粪便焚烧发电技术、畜禽粪便生产颗料燃料技术等，此部分技术目前在实际中应用较少。厌氧处理技术包括连续搅拌反应器（CSTR）技术、升流式固体厌氧反应器（USR）技术、升流式厌氧污泥床（UASB）等。好氧堆肥技术包括自然堆肥、条垛式好氧堆肥、机械翻堆堆肥、转筒式堆肥等，自然堆肥是指在自然条件下将粪便拌匀摊晒，降低物料含水率，同时在好氧菌的作用下进行发酵腐熟，该技术适用于有条件的小型养殖场；条垛式主动供氧堆肥是将混合堆肥物料成条垛式堆放，通过人工或机械设备对物料进行不定期的翻堆，通过翻堆实现供氧，为加快发酵速度，可在垛底设置穿孔通风管，利用鼓风机进行强制通风，条垛的高度、宽度和形状取决于物料的性质和翻堆设备的类型，该技术适用于中小型畜禽养殖场；机械翻堆堆肥是利用搅拌机或人工翻堆机对肥堆进行通风排湿，使粪污均匀接触空气，粪便利用好氧菌进行发酵，并使堆肥物料迅速分解，防止臭气产生，该技术适用于大中型养殖场；转筒式堆肥是指在可控的旋转速度下，物料从上部投加，从下部排出，物料不断滚动从而形成好氧的环境来完成堆肥，该技术适用于中小型养殖场。生物发酵床技术是按一定比例将发酵菌种与秸秆、锯末、稻壳以及辅助材料等混合，通过发酵形成有机垫料，将有机垫料置于特殊设计的猪舍内，利用微生物对粪便进行降解、吸氨固氮而形成有机肥。该技术能使猪粪尿在猪圈内充分降解，养殖过程无污水排放，能够实现养殖过程清洁生产，适用于中小型养猪场。畜禽养殖排污单位经处理后的粪便以及处理过程中产生的沼渣、污泥、垫料等固体粪污需经上述技术处理后再进行后续利用，主要用于农业种植、蚯蚓养殖等。

5.2.3.5 畜禽养殖污染防治主要模式分析

畜禽养殖污染与工业和生活污染存在较大的差别，其中最大的区别即为畜禽养殖产生的粪污不一定成为污染物，如养殖粪污通过合理方式资源化利用，则其不能认定为污染物，只有养殖粪污管理不规范或超量施用，才会对环境造成影响。通过实地调研、资料调研结合"十二五"期间全国污染物总量减排情况分析，目前，我国畜禽养殖粪污的处理模式总体来说可以分为以下五种：

（1）粪污全部农业利用模式。

粪便污水经储存或简单处理后作为资源全部用于农业种植施肥或水产养殖等，配套种植或养殖面积足够且规范操作可确保不直接向环境中排放污染物。

（2）粪便农业利用＋污水处理达标排放模式。

粪便储存或简单处理后农业种植施肥利用，配套种植面积足够且规范操作可确保不直接向环境中排放污染物；污水经厌氧＋好氧＋自然处理后排放存在水污染物的排放。

（3）粪便生产有机肥＋污水处理达标排放模式。

粪便干清后用于有机肥生产，不对外排放污染物；经厌氧＋好氧＋自然处理后排放存在水污染物的排放。

（4）粪污混合达标排放模式。

粪便、污水混合经厌氧＋好氧＋自然处理后达标排放，存在水污染物的排放。

（5）垫草垫料＋垫料农业利用或生产有机肥。

此模式目前主要为生猪发酵床养殖工艺，畜禽粪便和污水与垫料混合发酵后农业利用或生产有机肥，不对外排放污染物。

通过对"十二五"期间全国污染物总量减排认定的 60 006 家规模化畜禽养殖场（小区）污染防治模式进行统计分析，结果如表 5－13、表 5－14 所示。

表 5－13　全国污染物总量减排认定规模化养殖场污水处理模式统计表

种类	全国认定情况		处理模式占比/%					减排认定项目平均养殖量/头			
	养殖场数	养殖量/万头	达标排放	深度处理回用	储存农用	厌氧农用	垫草垫料	达标排放	深度处理回用	储存农用	厌氧农用	垫草垫料
生猪	41 967	16 308	2.71	4.59	30.86	59.56	2.28	7 471	9 310	3 283	4 687	6 148
奶牛	4 130	397	1.98	3.07	57.41	37.02	0.44	1 854	1 299	914	1 180	1 291
肉牛	3 016	260	1.21	1.51	56.91	38.77	1.58	778	784	857	661	1 225

注：蛋鸡、肉鸡无连续污水产生，仅少量冲洗水，不进行统计分析。

表 5－14　全国污染物总量减排认定规模化养殖场粪便处理模式统计表

种类	全国认定情况		粪便处理模式占比/%				认定项目平均养殖量/头			
	养殖场数	养殖量/万头/羽	有机肥	农业利用	垫草垫料	生产沼气	生产有机肥	农业利用	垫草垫料	生产沼气
生猪	41 967	16 308	17.55	79.06	2.26	1.10	5 314	3 458	6 148	4 278
奶牛	4 130	397	20.77	77.49	0.45	1.29	1 415	830	1 291	2 614
肉牛	3 016	260	22.02	75.44	1.53	1.01	1 322	711	1 225	533
蛋鸡	7 100	43 533	61.34	37.24	0.77	0.65	6 4476	45 138	609 590	44 830
肉鸡	4 793	183 048	69.39	26.68	3.64	0.29	427 266	243 267	561 039	876 464

注：按减排核算规定生猪、肉牛、肉鸡按出栏量计，奶牛、蛋鸡按存栏量计，以下均相同。

由表 5 – 13、表 5 – 14 可知，目前我国规模化畜禽养殖场（小区）粪便处理与利用主要方式有：储存农业利用、堆肥农业利用、生产有机肥、生产沼气等，而采用最多的为储存农业利用和生产有机肥两种方式，在所有处理与利用方式中只有粪便生产沼气有污水产生并可能排放污染物，从当前处理与利用情况看，采用该方式的比例很低，全国占比在 1% 左右。规模化畜禽养殖污水处理与利用方式主要有：储存农业利用、厌氧农业利用、厌氧好氧农业利用、达标排放等，而农业利用仍是主要途径，完成减排认定的养殖场（小区）90% 左右采用储存（厌氧、厌氧 + 好氧）农业利用的方式，3%左右采用垫草垫料模式，采用达标排放模式的（有污水排放口的规模化养殖场）占7% 左右。

针对污水处理达标排放或回用模式以及粪污混合达标排放模式，均有污水产生，可通过排污许可进行管理；针对粪污用于农业种植、水产养殖等资源化利用模式，养殖粪污通过合理方式作为肥料利用，不能认定为排放污染物，但养殖粪污管理不规范或超过土地消纳能力施用，即会对环境造成污染，这也是当前养殖粪污资源化利用过程中存在的主要问题，且从现状分析，我国 90% 以上的规模化畜禽养殖场（小区）采取粪污资源化利用的治理模式，也是当前国家重点引导的方向，因此，针对该类模式的养殖场（小区）需明确环境管控内容和要求。

5.2.4　我国畜禽养殖行业相关的法律法规、标准概况

针对畜禽养殖污染防治，我国在 2000 年以后陆续出台相关的法律法规，2001 年出台的《畜禽养殖污染防治管理办法》（总局令　第 9 号）中规定：畜禽养殖场应保持环境整洁，采取清污分流和粪尿干湿分离等措施，实现清洁养殖。2001 年国家环境保护总局发布了《畜禽养殖业污染物排放标准》（GB 18596—2001），明确规定了畜禽养殖主要污染物及相应的排放标准。2002 年《农业法》规定：从事畜禽规模养殖的单位和个人应当对粪便、废水及废弃物进行无害化处理或者综合利用。2004 年《固体废物污染环境防治法》规定：从事畜禽规模养殖应当按照国家有关规定收集、贮存、利用或者处理养殖过程中产生的粪便，防止污染环境。2005 年《畜牧法》规定：畜禽养殖场、养殖小区应保证畜禽粪便、废水及其他固体废弃物综合利用或无害化处理设施的正常运转，保证污染物达标排放，防止污染环境；禁止在生活饮用水的水源保护区、风景名胜区及自然保护区的核心区和缓冲区、城镇居民区、文化教育科学研究区等人口集中区域，法律法规规定的其他禁养区域内建设畜禽养殖场、养殖小区；省级人民政府根据本行政区域畜牧业发展状况制定畜禽养殖场、养殖小区的规模标准和备案程序。2008 年《水污染防治法》规定：国家支持畜禽养殖场、养殖小区建设畜禽粪便、废水的综合利用或无害化处理设施；畜禽养殖场、养殖小区应当保证其畜禽粪便、废水的综合利用或者无害化处理设施正常运转，保证污水达标排放，防止污染水环境。2011 年《“十二五”节能减排综合性工作方案》将农业纳入主要污染物总量减排控制范围，且明确“十二五”期间农业污染减排工作重点是规模化畜禽养殖场（小区）。2014 年，我国开始施行首部国家级农业环境保护

类法律法规——《畜禽规模养殖污染防治条例》（国务院令 第643号），条例中不仅强调了畜禽养殖业科学规划布局、环保设施建设、污染治理激励措施等，更明确了养殖场环境违法应承担的法律责任，为进一步推动我国以污染减排为抓手的畜禽污染治理工作提供了有力的政策保障。2015年《环境保护法》明确规定畜禽养殖场、养殖小区、定点屠宰企业等的选址、建设和管理应当符合有关法律法规规定。从事畜禽养殖和屠宰的单位和个人应该采取措施，对畜禽粪便、尸体和污水等废弃物进行科学处置，防治污染环境。

在污染防治技术方面，我国在2000年以后陆续出台了《畜禽养殖业污染防治技术规范》（HJ/T 81—2001）、《畜禽粪便还田技术规范》（GB/T 25246—2010）、《沼肥施用技术规范》（NY/T 2064—2011）、《畜禽养殖污水贮存设施设计要求》（GB/T 26624—2011）、《畜禽养殖业污染治理工程技术规范》（HJ 497—2009）、《畜禽粪便还田技术规范》（GB/T 25246—2010）、《农业固体废弃物污染控制技术规范》（HJ 588—2010）、《有机肥料》（NY 524—2012）、《粪便无害化卫生要求》（GB 7959—2012）、《畜禽养殖污染防治最佳可行技术指南（试行）》（HJ‑BAT‑10）、《畜禽养殖业污染防治技术政策》（环发〔2010〕151号）等技术规范、政策，并在沼气工程技术应用、生态养殖体系构建、污水达标处理工程示范等畜禽污染治理措施上进行了探索和实践，一定程度上遏制了畜禽污染继续扩大的趋势。

5.2.5 规模化畜禽养殖场排污权核定方法研究

5.2.5.1 排污权核定的适用范围

本研究中的排污权核定适用于内蒙古自治区所有规模化畜禽养殖场（小区）的排污权核定。

规模化畜禽养殖场（按养殖场最大养殖能力确定）是指养殖规模达到省级人民政府确定的规模养殖场标准的畜禽养殖场。根据《内蒙古自治区政府办公厅关于印发〈内蒙古自治区畜禽规模养殖场规模标准〉的通知》（内政办发〔2018〕12号），规模养殖场（小区）的标准为：生猪≥500头（存栏）、奶牛≥100头（存栏）、肉牛≥100头（存栏或出栏）、蛋鸡≥10 000只（存栏）、肉鸡≥50 000只（出栏）或≥10 000只（存栏）。其他畜禽规模养殖场（小区）规模标准按照猪当量折算。参照《排污许可证申请与核发技术规范 畜禽养殖行业（征求意见稿）》，其他畜禽种类按照存栏量折算比例系数为：30只鸭折算成1头猪，15只鹅折算成1头猪，3只羊折算成1头猪。按出栏量统计养殖量的畜种按以下比例折算存栏量：年出栏2头猪＝常年存栏1头猪、年出栏5只肉鸡＝常年存栏1只肉鸡、年出栏1头肉牛＝常年存栏2头肉牛。

规模化畜禽养殖小区是指分散经营的单一畜种的养殖户集中在一个区域内，具有完善的基础设施和配套服务、规范管理制度，按照统一规划、统一防疫、统一管理、统一服务、统一治污和专业化、规模化、标准化生产，并达到规模化畜禽养殖场规模要求的养殖区域。

规模化畜禽养殖场（小区）目前的粪污处理模式可分为污水处理达标排放或回用模式以及粪污混合达标排放模式（简称达标排放模式）和粪污用于农业种植、水产养殖等资源化利用模式（资源化利用模式）。其中，采用粪污资源化利用模式的规模化畜禽养殖场（小区）以及单独排入城镇污水集中处理设施的生活污水排放口不许可排放浓度和排放量，因此无须进行排污权的核定。采用达标排放模式的规模化畜禽养殖场（小区）有污水产生，可通过排污许可进行管理，因此需要核定排污权。废水排入集中式污水处理厂的排污单位根据所排入污水处理厂执行的纳管标准进行排污权核定。

5.2.5.2 畜禽养殖行业产排污环节

畜禽养殖行业产生的废水和废气的各环节、污染控制项目及主要的污染治理设施如表 5-15 和表 5-16 所示。

表 5-15 畜禽养殖行业排污单位废水产污环节、污染控制项目、排放形式及污染治理设施一览表

废水类别	污染控制项目	污水处理方式	排放去向	排放口类型	执行排放标准	污染治理设施名称及工艺
废水处理工程的综合污水（养殖废水、生活污水等）	悬浮物、化学需氧量、五日生化需氧量、总氮、总磷、氨氮、粪大肠菌群数、蛔虫卵	资源化利用	—	—	—	厌氧（UASB、CSTR、USR、化粪池等）+农业利用；其他
		达标排放	直接排放①	主要排放口	GB 18596	UASB；CSTR；USR；完全混合活性污泥法；SBR；接触氧化；MBR；自然处理—土地处理技术；自然处理—氧化塘技术；其他
			间接排放②			
生活污水	pH 值、化学需氧量、五日生化需氧量、悬浮物、氨氮、动植物油、大肠菌群数、总氮、总磷	—	不外排③			不处理直接排入场内废水处理工程；排入化粪池；其他
			进入城镇污水集中处理设施	一般排放口		—

注：①直接排放指直接进入江河、湖、库等水环境，直接进入海域，进入城市下水道（再入江河、湖、库），进入城市下水道（再入沿海海域），以及其他直接进入环境水体的排放方式。

②间接排放指进入城镇污水集中处理设施、进入其他单位废水处理设施、进入工业废水集中处理设施，以及其他间接进入环境水体的排放方式。

③不外排指废水经处理后循环使用、排入场内废水处理工程；以及其他不通过排污单位污水排放口排出的排放方式。

由表 5 – 15 可知，对于水污染物，废水总排放口许可排放浓度和排放量，粪污资源化利用的规模化畜禽养殖场（小区）以及单独排放城镇污水集中处理设施的生活污水排放口不许可排放浓度和排放量。废水排放集中式污水处理厂的排污单位根据所排入污水处理厂执行的纳管标准许可排放浓度和排放量。

表 5 – 16　畜禽养殖行业排污单位废气产污环节、污染控制项目、
排放形式及污染治理设施一览表

生产单元		废气产污环节	污染物控制项目	排放方式	排放口类型	执行排放标准	污染治理设施名称及工艺
养殖栏舍	养殖栏舍	养殖栏舍	臭气浓度	无组织	—	GB 18596	选用益生菌配方饲料，促进营养吸收，并合理控制养殖密度；向粪便或舍内投（铺）放吸附剂减少臭气的散发；投加或喷洒除臭剂；集中收集气体经处理（生物过滤法、生物洗涤法、吸收法等）后由排气筒排放；其他
辅助系统	固体粪污处理工程	固体粪污处理工程	臭气浓度	无组织	—	GB 18596	合理选址，远离环境敏感点；堆肥场须采取除臭措施，并做好设施的运行维护；改进堆肥方式，降低臭气影响；定期喷洒除臭剂；经处理（生物过滤法、生物洗涤法、吸收法等）由排气筒排放；其他
	废水处理工程	废水处理工程	臭气浓度	无组织	—	GB 18596	优化厂区平面布局，使污水处理设施远离环境敏感点；臭气排放量大的污水处理设施及污水池应密闭，经处理（生物过滤法、生物洗涤法、吸收法等）后由排气筒排放；其他

由表 5 – 16 可知，畜禽养殖行业排污单位中锅炉废气产污环节为锅炉供热系统，参照《排污许可证申请与核发技术规范　锅炉》（HJ 953—2018）的相关规定执行。恶臭气体的产污环节包括养殖栏舍、辅助设施的固体粪污处理工程、废水处理工程，其排放形式为无组织排放，不许可排放量，因此无须核定排污权。

5.2.5.3　畜禽养殖行业排污权核定方法确定

根据《排污许可证申请与核发技术规范　畜禽养殖行业（征求意见稿）》的规定，畜禽养殖行业排污单位应明确化学需氧量、氨氮的许可排放量，位于《"十三五"生态环境保护规划》及生态环境部正式发布的文件中规定的总磷、总氮控制区域内的畜禽养殖行业排污单位，还应分别申请总氮及总磷年许可排放量。

依据本研究确定的许可排放量核算方法和依法分解落实到排污单位的重点污染物排放总量控制指标，从严确定许可排放量。2015 年 1 月 1 日及以后取得环境影响评价审批意见的排污单位，许可排放量还应同时满足环境影响评价文件和审批意见确定的排放量的要求。

总量控制指标包括地方政府或环境保护主管部门发文确定的排污单位总量控制指标、环境影响评价文件批复时的总量控制指标、现有排污许可证中载明的总量控制指标、通过排污权有偿使用和交易确定的总量控制指标等地方政府或环境保护主管部门与申领排污许可证的畜禽养殖行业排污单位以一定形式确认的总量控制指标。

畜禽养殖行业排污单位水污染物许可排放量依据水污染许可排放浓度限值、单位产品基准排水量和畜禽养殖存栏量、养殖天数（按 365 天计）核定，计算公式如下：

$$D_j = S \times Q \times C_j \times 365 \times 10^{-6}$$

式中，D_j——排污单位废水第 j 项污染物年许可排放量，t/a；

S——排污单位畜禽常年存栏量，百头（千只）/a，按出栏量统计养殖量的畜种按以下比例折算存栏量：年出栏 2 头猪 = 常年存栏 1 头猪、年出栏 5 只肉鸡 = 常年存栏 1 只肉鸡、年出栏一头肉牛 = 常年存栏 2 头肉牛，省级人民政府明确发文规定规模化标准的其他养殖品种由省级政府部门自行确定折算系数；

Q——单位产品基准排水量，m^3/［百头（千只）·d］，排污单位执行《畜禽养殖行业污染物排放标准》（GB 18596—2001）中的标准要求，为简化计算，根据标准值及许可排放量核定方法，确定畜禽养殖排污单位单位产品基准排水量取值见表 4-13。地方排放标准中有严格要求的，从其规定。单位产品基准排水量折算中其他畜禽种类按以下比例进行折算：1 只鸭折算成 1 只鸡，1 只鹅折算成 2 只鸡，3 只羊折算成 1 头猪，省级人民政府明确发文规定规模化标准的其他养殖品种由省级政府部门自行设定折算系数；

C_j——j 种水污染物许可排放浓度限值，mg/L，其中总氮许可排放浓度限值根据氨氮浓度限值按比例折算为 260 mg/L，待新标准发布后从其规定。根据现行的《畜禽养殖行业污染物排放标准》（GB 18596—2001），集约化畜禽养殖业主要污染物最高允许日均排放浓度如表 5-17 所示。

表 5-17 集约化畜禽养殖业主要污染物最高允许日均排放浓度

控制项目	化学需氧量/（mg/L）	氨氮/（mg/L）	总磷（以 P 计）/mg/L
标准值	400	80	8.0

5.2.5.4 参数优化

内蒙古自治区水资源条件有限，所以采用干湿分离原理，通过干清粪方式清理粪便，既减少了粪便对环境的污染，也节约了水资源。所以本次研究仅对干清粪方式下猪、牛、鸡的单位产品基准排水量做优化。

本研究通过实测，得到了内蒙古自治区若干养殖场猪、牛、鸡三类畜禽的基准排水量数据，详见表5-18、表5-19、表5-20。

表5-18　内蒙古自治区猪养殖场干清粪工艺基准排水量实测数据

序号	养殖场	COD排放总量	存栏量	基准排水量
1	呼和浩特市土默特左旗××农养殖场	4.76	22	1.48
2	赤峰市喀喇沁旗××××牧业有限公司种猪场	0.9	5	1.23
3	呼伦贝尔市莫力达瓦达斡尔族自治旗××××猪养殖繁育基地	5.4	20	1.85
4	乌兰察布市卓资县××××养殖农业专业合作社	37.74	150	1.72
5	巴彦淖尔市临河区××××猪场	7.44	37.2	1.37
6	赤峰市松山区××××农业发展有限公司	21.64	100	1.48
7	鄂尔多斯市乌审旗××××开发有限责任公司	0.54	5	0.74
8	鄂尔多斯市乌审旗无定河水清湾×××养猪场	4.0	40	0.68
9	通辽市扎鲁特旗××××养殖场	1.06	5.7	1.27
10	乌海市海南区巴音陶亥××××农业开发有限公司	12	70	1.17

由表5-18可知，干清粪方式下生猪的基准排水量范围在0.68~1.85，80%的生猪养殖场满足1.48，本研究选择干清粪方式下生猪的基准排水量为1.5。

表5-19　内蒙古自治区牛养殖场干清粪工艺基准排水量实测数据

序号	养殖场	氨氮排放总量	存栏量	基准排水量
1	赤峰市阿鲁科尔沁旗天山镇×××肉业公司	25.83	50	17.69
2	赤峰市巴林左旗隆昌镇×××肉牛养殖场	0.58	1.2	16.55
3	赤峰市阿鲁科尔沁旗×××养殖公司	3.1	6	17.69
4	包头市土右旗×××养殖场	12.25	21	19.98
5	赤峰市巴林左旗福山镇××养殖专业合作社	0.46	1	15.75
6	赤峰市元宝山区平庄前进村××奶牛养殖场	2.1	4.6	15.63
7	赤峰市松山区穆家营子××奶牛养殖场养	3.80	8	16.27
8	赤峰市红山区铁南办事处××养殖专业合作社	25.54	60	14.58
9	赤峰市元宝山区五家北台子×××奶牛小区	2.83	6.2	15.63
10	包头市达尔罕茂明安联合旗百灵庙×××百灵庙镇××牧场	10.24	18	19.48

由表5-19可知，干清粪方式下牛类畜禽的基准排水量范围在14.58~19.98，80%的牛类畜禽养殖场满足17.69，因此本研究选择干清粪方式下牛类的基准排水量为17.7。

表 5-20　内蒙古自治区养殖场鸡类畜禽干清粪工艺基准排水量实测数据

序号	养殖场	COD 排放总量	存栏量	基准排水量
1	包头昆区昆河×××禽业有限责任公司	7	100	0.48
2	包头市九原区×××禽业有限责任公司	8.8	159	0.38
3	乌海市海南区巴音×××养殖发展有限责任公司	9.9	100	0.68
4	包头市土右旗×××养殖场	5.91	50	0.81
5	赤峰市元宝山区美丽河西六家村×××肉鸡小区社	4.73	60	0.54
6	兴安盟乌兰浩特市×××养禽场	131.4	1 200	0.75
7	通辽市开鲁县东来镇兴蒙村×××鸡场	1.67	52	0.22
8	乌兰察布市集宁区马莲渠××××禽业有限公司	8.67	330	0.18
9	呼伦贝尔市阿荣旗六合×××肉鸡养殖场	5.52	70	0.54
10	呼伦贝尔市阿荣旗新发×××养鸡场	3.94	50	0.54

由表 5-20 可知，干清粪方式下鸡类畜禽的基准排水量范围在 0.22~0.75，本研究选择干清粪方式下牛类的基准排水量为 0.55。

内蒙古子内蒙古自治区畜禽养殖业单位产品基准排水量见表 5-21。

表 5-21　内蒙古自治区畜禽养殖业干清粪工艺单位产品基准排水量

猪/[t/(d·只)]	牛/[t/(d·只)]	鸡/[t/(d·只)]
1.5	17.7	0.55

5.2.6　实际排放量的核算

（1）实际排放量的核算原则。

推进畜禽养殖行业排污权核定工作需理顺实际排放量、许可排放量和排污权交易量三者之间的关系。实际排放量的核定贯穿排污权有偿使用和交易制度实施全过程，是排污权核定整体工作的基础。实际排放量的核定是培育排污权二级市场的关键。从明确排污权交易量，到实施交易后监管，再到总量执法处罚，对交易全过程进行监管的实质是对排污企业富余排污权或超量排污权的核定，归根结底必须以掌握排污单位实际排放量为基础。

实际排放量的核定方法主要包括三种：实测法、物料衡算法、排污系数法，总体上，以实测法为主。考虑我国当前纳入总量控制和排污权交易涉及的企业范围广、行业类型多，污染源在线监测设施安装率不高、在线监测设施运行不够稳定、手工监督性监测覆盖面不广等原因，现在的监测能力尚不能满足排污权核定的管理要求，现阶段仍需以物料衡算法和排污系数法作为核定的补充，有效推进排污权核定工作。因此，核定排污单位实际排放量时，优先选用实测法，对于没有监测数据、监测频次不足或监测数据不可采用等情况，根据行业特点和企业实际选取物料衡算法和排污系数法进行核定，并以环评批复、竣工验收批复等总量作参考，最终确定实际排放量。

针对畜禽养殖行业，排污单位实际排放量为正常情况与非正常情况实际排放量之和。畜禽养殖行业排污单位应核算废气污染物有组织实际排放量和废水污染物实际排放量，不核算废气污染物无组织实际排放量。核算方法包括实测法、产排污系数法、物料衡算法。

核定方法选取的原则如下：对于按照规定应当采用自动监测的废水排放口和污染物，根据符合监测规范的有效监测数据采用实测法核算实际排放量；对于按规定应当采用自动监测的排放口或污染物而未采用的，或者未按照相关规范文件等要求进行手工自行监测（无监测数据或手工监测数据无效）的排放口或污染物，采用产排污系数法或物料衡算法进行核算，且均按直排核算；对于排污许可证未要求采用自动监测的排放口或污染物，按照优先顺序依次选取自动监测数据、执法和手工监测数据、产排污系数法或物料衡算法进行核算。

畜禽养殖行业臭气的排放为无组织排放，无须核算其实际排放量。锅炉废气的实际排放量核算方法参照《排污许可证申请与核发技术规范　锅炉》（HJ 953—2018）中的相关内容，本研究中不予讨论。因此，本节仅讨论畜禽养殖行业废水污染物实际排放量的核定。

（2）实际排放量的核算方法。

①实测法。废水自动监测实测法是指根据符合监测规范的有效自动监测数据污染物的日平均排放浓度、平均流量、运行时间核算污染物年排放量，核算方法如下：

$$E_{废水} = \sum_{i=1}^{n} (c_i \times q_i \times 10^6)$$

式中，$E_{废水}$——核算时段内主要排放口污染物的实际排放量，t；

c_i——污染物在第 i 日的实测平均排放浓度，mg/L；

q_i——第 i 日的流量，m^3/d；

n——核算时段内的污染物排放时间，d。

当自动监测数据由于某种原因出现中断或其他情况时，根据 HJ/T 356 等标准予以补遗。

无有效自动监测数据时，可采用手工监测数据进行核算。手工监测实测法是指根据每次手工监测时段内每日污染物的平均排放浓度、平均排水量、运行时间核算污染物年排放量，核算方式如下。手工监测数据包括核算时间内的所有执法监测数据和排污单位自行或委托第三方的有效手工监测数据，排污单位自行或委托的手工监测频次、监测期间生产工况、数据有效性等须符合相关规范文件等要求。

$$E_j = c \times q \times h \times 10^{-6}$$

$$c = \frac{\sum_{i=1}^{n}(c_i \times q_i)}{\sum_{i=1}^{n} q_i}$$

$$q = \frac{\sum_{i=1}^{n} q_i}{n}$$

式中，E_j——核算时段内主要排放口水污染物的实际排放量，t；

c——核算时段内主要排放口水污染物的实测日加权平均排放浓度，mg/L；

q——核算时段内主要排放口的日平均排水量，m^3/d；

c_i——核算时段内第i次监测的日监测浓度，mg/L；

q_i——核算时段内第i次监测的日排水量，m^3/d；

n——核算时段内取样监测次数，量纲一；

h——核算时段内主要排水口的水污染排放时间，d。

②产排污系数法。产排污系数因养殖品种、区域自然条件、粪污处理模式、操作管理水平等的不同而存在较大差异，目前在全国范围内难以给出统一值，待第二次全国污染源普查畜禽养殖业源产排污系数公布后，从其规定；公布前畜禽养殖行业排污单位根据单位畜禽污染物的产生量、畜禽养殖量以及污染治理设施的处理效率按下列公式进行核算，其中污染治理设施处理效率取值以畜禽养殖排污单位最近一次具有法律效力的监测值为准。

$$E_{废水} = N \times \{\eta \times (1 - \theta) + c\} \times (1 - \omega) \times 10^{-3}$$
$$\theta = T/(N \times \beta)$$

式中，$E_{废水}$——核算时段内主要排放口污染物的实际排放量，t；

N——排污单位畜禽存/出栏量，头（只），存/出栏情况按表4-11中的统计单位统计；

η——存/出栏单位畜禽粪便中污染物含量，千克/头（只）；

θ——排污单位固体粪便清出比例，%；

β——存/出栏单位畜禽粪便产生量，千克/头（只）；

T——排污单位畜禽粪便年清出量，kg，为排污单位根据实际情况统计；

c——存/出栏单位畜禽尿液中污染物含量，千克/头（只）；

ω——排污单位废水治理设施处理效率，%。

各类畜禽污染物产生量如表5-22所示。

鉴于畜禽养殖排污单位污染物排放量因清粪方式、粪便清出量的不同而存在较大的差异，因此，产排污系数法根据畜禽养殖量、畜禽尿液中污染物含量、未清出粪便中污染含量以及污染治理设施效率来核算排污单位实际排放量，为方便统计与简化计算，核算时段按年统计，故粪便产生量、尿液和粪便中污染物含量均以年出栏或存栏一头（只）畜禽进行核算，其系数参考现行环境统计中采用的相关产污系数。其中蛋鸡、肉鸡无尿液产生，故不单独给出尿液中污染物含量，实际排放量按粪便的清出比例进行核算。

表 5 – 22　各类畜禽污染物产生量

种类	统计单位	粪便产生量/[kg/头（只）]	粪便中污染物含量/[kg/头（只）]				尿液中污染物含量/[kg/头（只）]			
			化学需氧量	总氮	总磷	氨氮	化学需氧量	总氮	总磷	氨氮
牛猪	出栏量	223	30.14	1.67	0.52	0.32	6.38	2.02	0.05	1.49
肉牛	出栏量	7 181	1 607.16	59.74	8.21	0.13	115.71	10.61	0.55	2.40
奶牛	存栏量	9 384	1 990.94	89.64	15.29	0.28	130.88	15.13	1.29	2.63
蛋鸡	存栏量	47	7.79	0.45	0.11	0.09	—	—	—	—
肉鸡	出栏量	6	1.42	0.06	0.02	0.02	—	—	—	—

注：蛋鸡、肉鸡无尿液产生，故不单独给出尿液中污染物含量。

对具有不同畜禽种类的排污单位，污染物产生系数可将养殖量换算成相应的畜禽品种养殖量后进行核定，换算比例为：1 只鸭折算成 1 只鸡（蛋鸭折算成蛋鸡，肉鸭折算成肉鸡），1 只鹅折算成 2 只鸡（种鹅折算成蛋鸡，肉鹅折算成肉鸡），3 只羊折算成 1 头猪，省级人民政府明确发文规定规模化标准的其他养殖品种由省级政府部门自行设定换算系数。

（3）非正常工况。

废水处理设施非正常工况下的排水，如无法满足排放标准要求时，不应直接进入外环境，待废水处理设施恢复正常运行后排放。如因特殊原因造成污染治理设施未正常运行超标排放污染物的或偷排偷放污染物的，按产排污系数法与未正常运行时段（或偷排偷放时段）的累计排水量核算实际排放量，且均按直接排放进行核算。

（4）特殊时段。

原则上有组织主要排放口污染物日实际排放量采用特殊时段的实际监测值计算。特殊时段内无法开展实际监测的主要排放口，实际监测浓度可采用特殊时段以外的监测值。